建筑材料实验指导及手册

主　编　李福海　陈　昭　钱　瑶
主　审　李固华

西南交通大学出版社
·成　都·

图书在版编目（CIP）数据

建筑材料实验指导及手册 / 李福海，陈昭，钱瑶主编. —成都：西南交通大学出版社，2022.6（2025.1 重印）

ISBN 978-7-5643-8756-3

Ⅰ. ①建… Ⅱ. ①李… ②陈… ③钱… Ⅲ. ①建筑材料－材料试验－教材 Ⅳ. ①TU502

中国版本图书馆 CIP 数据核字（2022）第 112568 号

Jianzhu Cailiao Shiyan Zhidao ji Shouce

建筑材料实验指导及手册

主编 李福海 陈 昭 钱 瑶

责任编辑 / 姜锡伟

封面设计 / 曹天擎

西南交通大学出版社出版发行

（四川省成都市金牛区二环路北一段 111 号西南交通大学创新大厦 21 楼 610031）

发行部电话：028-87600564 028-87600533

网址：http://www.xnjdcbs.com

印刷：四川煤田地质制图印务有限责任公司

成品尺寸 185 mm × 260 mm

印张 6.5 字数 147 千

版次 2022 年 6 月第 1 版 印次 2025 年 1 月第 2 次

书号 ISBN 978-7-5643-8756-3

定价 19.80 元

课件咨询电话：028-81435775

图书如有印装质量问题 本社负责退换

版权所有 盗版必究 举报电话：028-87600562

前　言

建筑材料质量的优劣，直接影响建筑物的质量和安全。因此，建筑材料性能实验与质量检测是从源头抓好建筑工程质量管理工作、确保建筑工程质量和安全的重要保证。本书是为加强理论与实际的联系，培养学生的实验能力，根据高等工科院校《建筑材料及试验教学大纲》编写而成的，适用于土木工程、工程管理、智能建造等本科专业。内容包括建筑材料的基本性能和水泥、普通混凝土、建筑砂浆、建筑钢材、沥青材料等实验，同时对建筑材料实验的一般规定、数据分析、常用数理统计方法等进行概述。

实验前应进行预习，明确实验目的及意义，这是上好实验课的前提和保证。实验中的记录和数据分析是整个实验过程中的重要一环，必须注意观察各种现象，认真做好记录，以便正确处理实验数据（对平行实验应注意取得一个有意义的平均值）和正确分析实验结果（包括分析实验结果的可靠程度，说明在既定实验方法下，所得成果的适用范围，将实验结果与材料质量标准相比较并作出结论）。

近年来，我国土木工程事业发展迅速，建筑材料的标准、规范变化很大，实验中的新技术、新方法不断出现，本书全部采用最新的标准和规范，包含建筑材料实验指导及实验手册两篇，在注重材料的基本实验的基础上，增加部分创新实验，如混凝土拌合物的扩展时间（T500）试验、间隙通过性试验（环试验）、钢材金相组织试验等。

由于建筑材料的品种繁多，随着科学技术水平和生产条件的不断发展和进步，新材料发展快。读者遇到本书以外的试验时，可查阅有关技术标准和试验方法，同时注意其修订动态。

参加本次第 1 篇编写的有西南交通大学李福海（前言、第 1 章、第 2 章、第 5 章）、李固华（第 4 章）、陈昭（第 3 章、第 7 章）、钱瑶（第 6 章）；第 2 篇由李固华主编，李福海、陈昭、钱瑶参编。全书由李福海、陈昭、钱瑶担任主编，李固华担任主审。

限于作者水平，书中缺点和不妥之处在所难免，敬请广大师生、读者批评指正。

编　者

2021 年 12 月 10 日

目 录

第1篇 实验指导

第2篇 实验手册

第1篇

实 验 指 导

第1章　建筑材料实验基本知识

1.1　建筑材料试验概述

建筑材料及其试验检测在建筑施工生产、科研及发展中具有举足轻重的地位。建筑材料基础知识的普及与试验检测技术的提高，不仅是评定和控制材料质量、施工质量的手段和依据，也是推动科技进步、合理使用建筑材料和各种工业废料、降低生产成本，增进企业经济效益、环境效益和社会效益的有效途径。

随着建筑业的发展和进步，新材料、新技术层出不穷，尤其是近年来我国技术标准与国际标准接轨，建筑材料检测标准、技术规范和规程不断修订，以及新方法、新设备的采用和检测标准的变更，更要求从事建筑材料行业的工作人员不断学习，更新知识。因此，要在学好理论课的基础上，重视试验理论，理解试验原理，熟悉试验方法，掌握试验操作技能。

1.2　试验原始记录

在试验过程中，于一定条件下取得的原始观测数据的记录，称为原始记录。它是评价试验检测工作水平高低和维护试验人员合法权益的重要法律依据之一。因此，试验的原始记录必须经得起工程实践的长期考验。建筑材料试验中原始记录通常包括以下内容：

（1）试验名称、编号。

（2）检测环境、地点及时间。

（3）采用的试验方法以及试验设备的名称与编号。

（4）观测数值与观测导出数值。

（5）试验、记录、计算、同组人员及教师的签名等。

试验的原始记录必须以科学认真的态度实事求是地进行填写，不得修改和涂改；经过试验数据校核发现的确需要更正的，应依据计量认证认可监督管理委员会对试验室计量认证认可的有关规定进行，并且能够溯源。

1.3　试验数据处理与分析

在工程施工中，需要对大量的原材料和半成品进行试验；在取得了观测数据之后，为了达到所需的科学结论，应对观测数据进行分析和处理，而数据分析和处理通常采用数学方法。

1.3.1 数值修约规则

在建筑材料试验中，对各种试验数据应保留的有效位数均有所规定。为了科学地评价数据资料，应了解数值修约规则，以便确定测试数据的可靠性与精确性。数值修约时，除另有规定者外，应按照国家标准《数值修约规则与极限数值的表示和判定》(GB/T 8170—2008)进行，即：

（1）拟舍弃数字的最左1位数字小于5时，则舍去，保留其余各位数字不变。

（2）拟舍弃数字的最左1位数字大于5时，则进1，即保留数字的末位数字加1。

（3）拟舍弃数字的最左1位数字是5，且其后有非0数字时进1，即保留数字的末位数字加1。

（4）拟舍弃数字的最左1位数字为5，且其后无数字或皆为0时，若所保留的末位数字为奇数（1、3、5、7、9）则进1，即保留数字的末位数字加1；若所保留的末位数字为偶数（0、2、4、6、8），则舍去。

（5）负数修约时，先将它的绝对值按上述（1）～（4）的规定进行修约，然后在所得值前面加上负号。

1.3.2 算术平均值、标准差、变异系数、通用计量名词

进行观测的目的，是要得到某一物理量的真值。但是，真值是无法测得的。因此，要设法找出一个可以用来代表真值的最佳值。

1. 算术平均值

将某一未知量 x 测定 n 次，其观测值分别为 x_1、x_2、x_3、…、x_n，将其平均得：

$$\overline{x}=\frac{x_1+x_2+x_3+\cdots+x_n}{n}=\frac{1}{n}\sum_{i=1}^{n}x_i \tag{1.1}$$

式中：$\overline{x}$ 称为算术平均值。

算术平均值是一个经常用到的很重要的数值，观测次数越多，它越接近真值。算术平均值只能用来了解观测值的平均水平，而不能反映其波动情况。

2. 标准差

观测值与平均值之差的平方和的平均值称为均方差，简称方差，用符号 σ^2 表示。方差的平方根称为标准差，用 σ 表示：

$$\sigma=\sqrt{\frac{\sum_{i=1}^{n}(x_i-\overline{x})^2}{n}} \tag{1.2}$$

σ 表示测量次数 $n\to\infty$ 时的标准差。而在实际中只能进行有限次的测量，其标准差可用 s 表示，即：

$$s=\sqrt{\frac{\sum_{i=1}^{n}(x_i^2-\overline{x}^2)}{n}} \tag{1.3}$$

标准差是衡量波动性的指标。

3. 变异系数

标准差只能反映数值绝对离散的大小，也可以用来说明绝对误差的大小。然而在实际中，人们更关心数值相对误差的大小，即相对离散的程度，这在统计学上用变异系数 C_v 来表示，其计算式为：

$$C_v=\frac{\sigma}{\overline{x}} \text{或} C_v=\frac{s}{x} \tag{1.4}$$

同一批次的材料经过多次试验得出一系列数据后，就可通过计算其算术平均值、标准差与变异系数来评定其质量或性能的优劣。

4. 通用计量名词

（1）测得值：从计量器具直接得出或经过必要计算而得出的量值。

（2）测量结果：由测量所得的赋予被测量的值。

（3）实际值：满足规定准确度的用来代替真值使用的量值。

（4）测量误差：测量结果与被测量真值之间的偏差。测量误差按其对测量结果影响的性质，可分为系统误差和偶然误差。

（5）系统误差：在相同条件下，对某一量进行多次测量时，绝对值和符号保持恒定（即恒偏大或恒偏小）的测量误差。产生系统误差的原因如下：试验方法的理论依据有缺陷或不足，或试验条件控制不严格，或测量方法本身受到限制，如根据理想气体状态方程测量某种物质蒸气的分子质量时，由于实际气体相对理想气体有偏差，若不用外推法，测量结果总较实际的分子质量大；仪器不准或不灵敏，仪器装置精度有限，试剂纯度不符合要求等；个人习惯误差，如读滴定管读数时常偏高（或常偏低），计时常太早（或太迟）等。

系统误差决定了测量结果的准确度。通过校正仪器刻度、改进试验方法、提高药品纯度、修正计算公式等方法可减少或消除系统误差。但有时很难确定系统误差的存在，因此往往采用几种不同的试验方法或改变试验条件，或者更换不同的试验者进行测量，以确定系统误差的存在，并设法减少或消除之。

（6）偶然误差：在相同试验条件下，多次测量某一量时，每次测量的结果都会不同，它们围绕着某一数值无规则地变动，绝对值时大时小、符号时正时负的测量误差。产生偶然误差的可能原因如下：试验者对仪器最小分度值以下的估读每次很难相同；测量仪器的某些活动部件所指测量结果，每次很难相同，尤其是质量较差的电学仪器最为明显；影响测量结果的某些试验条件如温度值，不可能在每次试验中控制得绝对不变。

偶然误差在测量时不可能消除，也无法估计，但是它服从统计规律，即它的大小和符号一般服从正态分布。

（7）绝对误差：测量结果与被测量真值之差。

（8）相对误差：测量的绝对误差占被测量真值的比率。

（9）允许误差：技术标准、检定规程等对计量器具所规定的允许误差极限值。

1.4 建筑材料的技术标准

技术标准主要指对产品与工程建设的质量、规格及其检验方法等所作的技术规定，是从事生产、建设、科学研究工作及商品流通的一种共同的技术依据。

1.4.1 技术标准的分类

技术标准通常分为基础标准、产品标准和方法标准。

（1）基础标准：在一定范围内作为其他标准的基础，并普遍使用的具有广泛指导意义的标准，如《水泥的命名原则和术语》（GB/T 4131—2014）。

（2）产品标准：衡量产品质量好坏的技术依据，如《通用硅酸盐水泥》（GB 175—2007）。

（3）方法标准：以试验、结果、分析、抽样、统计、计算、测定作业等各种方法为对象制定的标准。

1.4.2 技术标准的等级

根据发布单位与适用范围，我国的技术标准分为国家标准、行业标准（含协会标准）、地方标准和企业标准。

各级标准分别由相应的标准化管理部门批准并颁布，国家质量监督检验检疫总局是国家标准化管理的最高机关。国家标准和部门行业标准是全国通用标准，分强制性标准和推荐性标准；省、自治区、直辖市有关部门制定的关于工业产品的安全、卫生要求等地方标准在本行政区域内是强制性标准；企业生产的产品没有国家标准、行业标准和地方标准的，企业应制定相应的企业标准，作为组织生产的依据。企业标准由企业组织制定，并报请有关主管部门审查备案。国家鼓励企业制定各项技术指标要求均高于国家、行业、地方标准的企业标准在企业内使用。

1.4.3 技术标准的代号

常用的标准代号如下：

GB——中华人民共和国国家标准。

GB/T——中华人民共和国推荐性国家标准。

ZB——中华人民共和国专业标准。

ZB/T——中华人民共和国推荐性专业标准。

JC——中华人民共和国建筑材料工业局行业标准。

JGJ——中华人民共和国住房和城乡建设部建筑工程行业标准。

JGJ/T——中华人民共和国住房和城乡建设部建筑工程行业推荐性标准。

YB——中华人民共和国冶金工业部行业标准。

SL——中华人民共和国水利部行业标准。

JTJ——中华人民共和国交通部行业标准。

CECS——工程建设标准化协会标准。

JJG——国家计量局计量检定规程。

DB——地方标准。

QB/×××——×××企业标准。

标准的表示方法：由标准名称、标准代号、标准编号和批准年份4部分组成。

1.5 建筑材料试验基本技术

1.5.1 测试技术

1. 取　样

试验时，首先要选取试样。试样必须具有代表性且取样应遵循随机取样原则。

2. 仪器的选择

试验仪器设备的精度应与试验规程的要求一致，并且具有实际意义。

试验需要称量时，称量要有一定的精度，例如，试样称量精度要求为 0.1 g 时，则应选择分度值为 0.1 g 的电子台秤；对试验机的量程也有要求，应根据试件破坏荷载的大小，合理选择相应量程的试验机，通常应选择破坏荷载占量程20%~80%的试验机。

3. 试　验

试验前，一般应将取得的试样进行处理、加工或成型，以制备满足试验要求的试件。试验应严格按照试验规程进行。

4. 结果计算与评定

对各次试验结果进行数据处理，一般取 n 次平行试验结果的算术平均值作为试验结果。试验结果应满足精确度和有效数字的要求。

试验结果经计算处理后应给予评定，判定其是否满足标准要求或者评定其等级。在某些情况下还应对试验结果进行分析，并得出结论。

1.5.2 试验条件

同一材料在不同的试验条件下检测，会得出不同的试验结果，因此，要严格控制试验条件，以保证测试结果的可比性。

1. 温　度

试验室的温度对某些试验结果影响很大，做这些试验时必须严格控制温度。例如，石油沥青的针入度、延度试验的测试结果受温度影响较大，因此，要在 25 °C 的恒温水浴中进行。

2. 湿　度

试验时试件的湿度也明显影响试验数据。试件的湿度越大，测得的强度越低。因此，试验室的湿度应控制在规定的范围内。

3. 试件与受荷面的平整度

对同一材料而言，小试件强度比大试件强度高。相同受压面积的试件，高度小的比高度大的试件强度高。因此，试件尺寸应符合相应的规定。

试件受荷面的平整度也影响测试强度。如果试件受荷面粗糙，会引起应力集中，降低试件强度，因此，试件表面应达到一定的平整度。

4. 加载速度

加载速度越快，试件的强度越高。因此，对材料的力学性能试验都有加载速度的规定。

1.5.3　试验内容

试验的主要内容都应在试验报告中反映，报告的形式不尽相同，但都应包括以下内容：试验名称、内容；试验条件与日期；试验目的与原理；试样编号、测试数据与计算结果；结果评定与分析；试验人、同组人、教师签字。

试验报告是经过数据整理、计算、编制的结果，既不是原始记录，也不是实际过程的罗列。在试验报告中，经过整理计算后的数据，可用图、表等表示，做到一目了然。为了编写出符合要求的试验报告，在整个试验过程中必须认真做好有关现象、原始数据的记录，以便于分析、评定测试结果。

1.6　建筑材料试验教学的基本要求

1.6.1　对试验指导教师的基本要求

建筑材料试验的目的：一方面是为了验证、巩固在课堂上学到的理论知识；另一方面是让学生熟悉建筑材料性能测试试验中用到的仪器设备的构造与使用方法，培养学生日后从事建筑材料质量检测工作的基本操作技能，提高正确应用相关的国家标准、技术规范和试验规程的能力，以及培养学生发现问题、解决问题的能力。因此，有必要对试验指导教师提出下列要求：

（1）指导教师应认真执行教学大纲和试验指导书所规定的基本要求，并在此基础上逐步提高和创新。试验前应认真备课，做好课前检查和准备工作，检查试验设备运行是否良好，试验样品、原材料和辅助耗材是否到位，安全措施、试验环境是否正常，等等。

（2）首次指导试验的教师在试验前应认真预做该试验的全部内容，写出规范的试验报告和详细的讲稿和教案，并事先由试验室主任组织进行试讲，试讲时应聘请有关人员参加。试讲应目的明确，表达清楚，试验原理、方法以及仪器设备构造和操作使用方法讲解准确无误。通过试讲后方可上岗指导学生试验。

（3）试验分小组进行。通常以一个班级为一个批次，4 ~ 6 人为一小组，使所有学生都有动手操作的机会。教师要指定各小组的组长，并由其负责组织协调工作，办理有关仪器设备、材料、资料借领和归还手续。要求学生在试验过程中认真仔细地操作，培养独立工作能力和严肃认真的科学态度，同时要发扬互助协作精神。

（4）试验中，教师要加强学生试验技能的训练，并注重启发性的指导，重视学生分析问题和解决问题能力的培养，充分激发学生的创新意识，发挥学生的创新精神。

（5）学生做试验后，指导教师要检查、验收每组试验数据和结果。检查试验仪器设备用后状态是否正常，并指导学生清理试验台（试验室）。

（6）指导教师应要求学生在完成试验的规定时间内写出规范的试验报告，并全部认真批改，依据有关规定评定试验成绩。

（7）试验指导教师要加强责任心，在学生首次做试验时，介绍有关试验室的规章制度和安全操作规程，避免仪器设备损坏和人身伤害事故的发生。在试验教学过程中，指导教师是第一安全责任人，对学生、公共财产负总责。

1.6.2 建筑材料试验学生守则

建筑材料试验室是土木建筑类专业的重要试验室之一，是土建类专业的学生进行试验教学、专业技能训练、科学研究和技术开发的重要基地。为保证试验教学和试验室各项工作的顺利开展，试验教师和试验室管理者应制定切实可行的《学生试验守则》，并严格执行。

《学生试验守则》具体规定应包括以下几个方面：

（1）试验室是进行科学试验的重要场所，进入试验室必须遵守各项规章制度，保持室内整洁、肃静和优良的试验环境。

（2）试验应在指定的试验间进行，不得进入与试验无关的房间。未经允许，不得随意触碰、开启或关闭仪器设备（尤其是电器开关），以免发生人身伤害和仪器设备损坏等事故。

（3）试验前必须预习试验指导书以及与试验相关的国家标准、试验规程，了解有关仪器设备的性能及使用方法，做到原理清楚、方法正确、操作规范。

（4）爱护仪器设备，遵守操作规程，注意人身及设备的安全。操作过程中发生故障要及时报告指导教师。因违反操作规程而造成的后果由违规操作者负责。

（5）要以严肃的态度、严谨的作风、严密的方法进行试验。各试验小组不得随意交换所用的仪器设备、用具及试验台等。试验结束后，应将所有的仪器设备整理清点，待指导教师验收签字后方可离开试验室。若有损坏仪器设备的，将依据有关规定进行处理。

（6）试验期间严禁吸烟、嬉戏打闹和使用通信工具，否则指导教师和试验管理人员有权停止其试验；情节严重的，按有关纪律规定处理。

（7）在完成教学大纲规定的试验教学后，试验室继续向广大学生开放。鼓励学生在建筑材料试验室积极参与创新性试验项目，进一步培养试验研究技能，为今后进行科技创新打下基础。

第 2 章　材料基本性质实验

材料的基本性质主要有物理性质、力学性质和耐久性质等。虽然不同的材料由于其组成、结构和构造有所差异以及工程上对其要求不尽相同，而有不同的试验方法和侧重的试验项目，但试验的基本原理是一致的。这里参照《公路工程岩石试验规程》（JTG E41—2005），以天然石料的常规试验为例，说明材料的一些基本性质试验的原理和方法。本试验内容包括材料的密度、表观密度、吸水率、饱水率、抗压强度以及坚固性等六项基本性质。

2.1　密度试验（JTG E41—2005）

2.1.1　试验目的和意义

材料的密度是指材料在绝对密实状态下单位体积的干燥质量，其值大小取决于材料的组成和结构。通过密度的测定可大致判断材料的各种性质，密度值是计算材料孔隙率的依据。

2.1.2　试验原理

材料的绝对密实体积是指不包括内部孔隙的固体实体积。测定时将材料磨细，可暴露出这些微小的内部孔隙，试样磨得越细，试验结果越精确。试验时根据排液法测得材料的固体实体积。试验中应采用不能使所测材料发生溶解或与材料发生化学反应的液体作为试验介质。

2.1.3　试验主要仪器与设备

密度试验的主要仪器与设备有李氏密度瓶（容积 220 ~ 250 mL）、电子台秤（分度值 0.001 g）、瓷皿、烘箱、恒温水槽、干燥器、筛子（孔径 0.25 mm 的圆孔筛）、温度计、球磨机、研钵。

2.1.4　试样制备

取代表性岩石试样进行初碎，再置于球磨机中进一步磨碎，然后用研钵研细，使之全部磨细成能通过 0.25 mm 筛孔的石粉。将制备好的石粉放在瓷皿中，置于温度为 105 ~ 110 °C 的烘箱中，烘至恒量，烘干时间一般为 6 ~ 12 h，然后再置于干燥器中冷却至室温（20±2）°C 备用。

2.1.5　试验步骤

（1）将抽去空气的煤油注入李氏密度瓶中至零点刻度线以上，并读取初始读数（以弯液面的下部为准）；再将李氏密度瓶置于（20±2）°C 的恒温水槽内，使刻度部分浸入水中，恒温 0.5 h，记下第一次读数 V_1（准确至 0.05 mL）。

（2）从恒温水槽中取出李氏密度瓶，用滤纸将李氏密度瓶内零点起始读数以上的没有煤油的部分仔细擦净。

（3）准确称出冷却后的瓷皿加石粉的合质量 m_1（精确至 0.001 g），用牛骨匙小心地将石粉通过漏斗装入瓶中，使液面上升至 20 mL 刻度处（或略高于 20 mL 刻度处），在倾注时注意勿使石粉黏附于液面以上的瓶颈内壁上。摇动李氏密度瓶，排除其中的空气，再放入恒温水槽中，在相同温度下（与第一次读数时的温度相同）恒温 0.5 h，记下第二次读数 V_2（准确至 0.05 mL）。

（4）准确称出瓷皿加剩余石粉的合质量 m_2（精确至 0.001 g）。

2.1.6　试验数据处理

用下式计算石粉的密度 ρ（精确至 0.01 g/cm^3）：

$$\rho=\frac{m}{V} \tag{2.1}$$

式中　m—— 装入瓶中试样的干燥质量（g），$m=m_1-m_2$；

　　　V—— 装入瓶中试样的固体体积（cm^3），$V=V_2-V_1$。

以两次试验结果的算术平均值作为测定值，当两次试验结果之差大于 0.02 g/cm^3 时，应重新取样进行试验。

2.2　吸水率试验（JTG E41—2005）

2.2.1　试验目的和意义

材料的吸水率是指在常温和常压条件下，材料在水中吸水至饱和面干状态时的含水率。其值大小取决于材料的亲水程度和孔隙构造特征。一般情况下，吸水率大的材料孔隙率较大、强度较低、耐久性较差、耐水性较差。通过吸水率的测定可大致判断材料的各种性质。

2.2.2　试验原理

材料的孔隙包括开口孔隙和闭口孔隙，开口孔隙又分为开口宽孔隙和窄孔隙，在常温、常压条件下，水只能进入开口宽孔隙，故吸水率值的大小仅反映了开口宽孔隙的数量。

2.2.3　试验主要仪器与设备

切石机、钻石机、磨平机及小锤、电子台秤（分度值 0.01 g）、烘箱、干燥器、盛水容器等。

2.2.4　试样制备

将石料试样制成直径和高均为（50±2）mm 的圆柱体或边长为（50±2）mm 的正立方体试件。如采用不规则试件，则其边长或直径为 40 ~ 50 mm 的浑圆形岩块。每组试件至少 3 个。石质组织不均匀的，每组试件不少于 5 个。用毛刷将试件洗涤干净，并用不易被水浸褪掉的颜料标号。对有裂纹的试件应弃之不用。

2.2.5　试验步骤

（1）将试件放入温度为 105 ~ 110 °C 的烘箱内烘至恒量，烘干时间一般为 12 ~ 24 h。取出置于干燥器内冷却至室温（20±2）°C，称其质量 m（精确至 0.01 g）。

（2）将称量后的试件置于盛水容器内，先注水至试件高度的 1/4 处，以后每隔 2 h 分别注水至试件高度的 1/2 和 3/4 处，6 h 后将水加至高出试件顶面 20 mm 以上，以利于试件空气逸出。试件全部被水淹没后再自由吸水 48 h。

（3）取出浸水试件，用湿纱布擦去试件表面水分，立即称其质量 m_1（精确至 0.01 g）。

2.2.6　试验数据处理

用式（2.2）和式（2.3）计算石料的质量吸水率 β 和体积吸水率 β'（精确至 0.01%）：

$$\beta = \frac{m_1 - m}{m} \times 100\% \tag{2.2}$$

$$\beta' = \frac{m_1 - m}{V_0} \cdot \frac{1}{\rho_w} \times 100\% \tag{2.3}$$

式中　m_1—— 试件吸水饱和面干时的质量（g）；

m—— 试件干燥状态时的质量（g）；

V_0—— 试件自然状态下的体积（cm^3）；

ρ_w—— 水的密度（g/cm^3）。

第 3 章　水泥基本性能检验

3.1　一般规定

3.1.1　取样方法

水泥检验应按同一生产厂家、同一等级、同一品种、同一批号且连续进场的水泥，袋装不超过 200 t 为一批，散装不超过 500 t 为一批，每批抽样不少于一次。取样应有代表性，可连续取，也可从 20 个以上不同部位抽取等量样品，总量至少 12 kg。

3.1.2　试验条件

（1）试验室温度为 18 ~ 22°C，相对湿度大于 50%；养护箱的温度为（20 ± 1）°C，相对湿度大于 90%；养护池水温为（20 ± 1）°C。

（2）试验用水应是洁净的淡水，有争议时采用蒸馏水。

（3）水泥试样通过 0.9 mm 方孔筛，记录其筛余物情况。

（4）试验用材料、仪器、用具的温度与试验室一致。

3.2　水泥细度（80 μm 筛析法）测定（GB/T 1345—2005）

3.2.1　试验方法和原理

采用 80 μm 筛对水泥试样进行筛析试验，用筛网上所得筛余量的质量占试样原始质量的百分数来表示水泥样品的细度。

细度检验方法主要有负压筛法、水筛法两种，无条件时，也可以采用手工筛。当检验方法测试结果发生争议时，以负压筛法为准。

3.2.2　试验目的及标准要求

通过 80 μm 筛析法测定筛余量，评定水泥细度是否达到标准要求，若不符合标准要求，该水泥视为不合格。《通用硅酸盐水泥》（GB 175—2007）规定，矿渣硅酸盐水泥、火山灰硅酸盐水泥、粉煤灰硅酸盐水泥、复合硅酸盐水泥等，80 μm 方孔筛筛余量不得超过 10%。

3.2.3　试验主要仪器

（1）负压筛析仪：由筛座、负压筛、负压源及吸尘器组成，其中筛座由转速为（30 ±

2）r/min 的喷气嘴、负压表、控制板、微电机和机壳等构成。

（2）试验筛：由圆形筛框和筛网组成，分负压筛和水筛两种。

（3）水筛架和喷头。

（4）电子台秤最大称量 100 g，分度值不大于 0.05 g。

3.2.4 主要试验步骤

1. 负压筛法

（1）筛析试验前，应把负压筛放在筛座上，盖上筛盖，接通电源，检查控制系统，调节负压至 4 000 ~ 6 000 Pa 范围内。

（2）称取试样 25 g，置于洁净的负压筛中，盖上筛盖，放在筛座上，开动筛析仪连续筛析 2 min。在此期间如有试样附着在筛盖上，可轻轻敲击使试样落下。筛毕，用电子台秤称量筛余物。

（3）当工作负压小于 4 000 Pa 时，应清理吸尘器内水泥，使负压恢复正常。

2. 水筛法

（1）筛析试验前，应检查水泥中有无泥、砂，调整好水压及水筛架的位置，使其能正常运转。喷头底面和筛网之间的距离为 35 ~ 75 mm。

（2）称取试样 50 g，置于洁净的水筛中，立即用淡水冲洗至大部分细粉通过后，放在水筛架上，用水压为（0.05 ± 0.02）MPa 的喷头连续冲洗 3 min。筛毕，用少量水把筛余物冲至蒸发皿中，等水泥颗粒全部沉淀后，小心倒出清水，烘干并用电子台秤称量筛余物。

3. 手工干筛法

在没有负压筛析和水筛的情况下，允许用手工干筛法测定，操作方法如下：

（1）称取水泥试样 50 g 倒入干筛内。

（2）用一只手执筛往复摇动，另一只手轻轻拍打，拍打速度约 120 次/min，每 40 次向同一方向转动 60°，使试样均匀分布在筛网上，直至每分钟通过的试样量不超过 0.05 g 为止。

（3）称量筛余物。

3.2.5 数据处理及试验结果

水泥试样筛余百分数按式（3.1）计算：

$$F=\frac{R_s}{m}\times 100\% \tag{3.1}$$

式中 F—— 水泥试样的筛余百分数（%）；

R_s—— 水泥筛余物的质量（g）；

m—— 水泥试样的质量（g）。

计算结果精确至 0.1%。

由于水泥筛易被水泥颗粒堵塞，或在清洗水泥筛的过程中损伤筛网，因此，水泥筛应经常进行校正，校正后的水泥筛余百分数 $F_c \leqslant 10\%$ 时为合格。

3.2.6 试验筛的修正系数测定方法和水泥试样筛余百分数结果计算

（1）用一种已知粉状试样（该试样不受环境影响，80 μm 标准筛筛余百分数不发生变化）作为标准样，按照上述筛析方法测定标准样在试验筛上的筛余百分数。

（2）试验筛的修正系数按照式（3.2）计算：

$$C=\frac{F_n}{F_t} \tag{3.2}$$

式中 C—— 试验筛的修正系数；

F_n—— 标准样给定的筛余百分数（%）；

F_t—— 标准样在试验筛上的筛余百分数（%）。

修正系数计算精确至 0.01。当修正系数 C 在 0.80 ~ 1.20 范围内时，试验筛可继续使用，C 可作为试验结果修正系数；否则试验筛应予淘汰。

（3）水泥试样筛余百分数结果按式（3.3）计算：

$$F_c=C\cdot F \tag{3.3}$$

式中 F_c—— 水泥试样修正后的筛余百分数（%）；

F—— 水泥试样修正前的筛余百分数（%）。

3.3 水泥标准稠度用水量测定（GB/T 1346–2011）

3.3.1 试验方法和原理

水泥标准稠度的净浆对标准试杆（或试锥）的沉入具有一定阻力。通过试验不同含水量的水泥净浆的穿透性，可以确定水泥标准稠度净浆中所需加入的水量。

水泥标准稠度用水量的测定有两种方法：标准法和代用法。

3.3.2 试验目的及标准要求

水泥的凝结时间、安定性均受水泥浆稠度的影响，为了不同水泥具有可比性，水泥必须有一个标准稠度。通过此项试验可测定水泥浆达到标准稠度时的用水量，作为该水泥凝结时间和安定性试验用水量的标准。

当采用标准法时，以试杆沉入净浆并能稳定在距底板（6 ± 1）mm 时的水泥净浆为标准稠度净浆，其拌和水量为该水泥的标准稠度用水量 P。当采用代用法时，以试锥下沉深度为（30 ± 1）mm 时的净浆为标准稠度净浆，其拌和水量为该水泥的标准稠度用水量。

3.3.3 试验主要仪器

（1）水泥净浆搅拌机。

（2）标准法维卡仪：标准试杆由有效长度为（50 ± 1）mm、有效直径 ϕ 为（10 ± 0.5）mm

的圆柱形耐腐蚀金属制成。试模由耐腐蚀并有足够硬度的金属制成，为深（40 ± 0.2）mm，顶内径ϕ为（65 ± 0.5）mm、底内径ϕ为（75 ± 0.5）mm 的截顶圆锥体。每只试模配一个厚度≥2.5 mm 的平板玻璃片。

（3）代用法维卡仪，用试锥取代标准法维卡仪中的试杆。

（4）量水器（最小刻度为 0.1 mL，精度 1%），电子台秤（分度值不大于 1 g，最大称量不小于 1 000 g）。

3.3.4 主要试验步骤

1. 标准法

（1）搅拌锅和搅拌叶片用湿布擦过后，将拌和水倒入搅拌锅内，然后在 5 ~ 10 s 内将称好的 500 g 水泥加入水中。

（2）拌和时，低速搅拌 120 s，停 15 s，同时将搅拌锅壁和搅拌叶片黏有的水泥浆刮入锅内，接着高速搅拌 120 s 停机。

（3）拌和结束后，立即将拌和的水泥浆装入已置于玻璃底板上的试模内，用小刀插捣，轻振数次，刮去多余的净浆，抹平后迅速将试模和底板移至维卡仪上，调整试杆与水泥浆表面接触，拧紧螺丝 1 ~ 2 s 后，突然放松，使试杆垂直自由沉入水泥浆中，在试杆停止沉入或放松 30 s 时记录试杆距底板之间的距离。整个操作过程应在搅拌后 1.5 min 内完成。

2. 代用法

（1）水泥净浆的拌制同标准法（1）、（2）项。

（2）采用代用法测定水泥标准稠度用水量时，可采用调整水量法或不变水量法，采用调整水量法时拌和水据经验确定，采用不变水量法时拌和水用 142.5 mL。

（3）水泥净浆搅拌结束后，立即将拌和好的水泥浆装入锥模中，用小刀插捣，轻振数次，刮去多余的净浆，抹平后迅速放至锥下面固定的位置上，将试锥与水泥净浆表面接触，拧紧螺钉 1 ~ 2 s 后，突然放松，让试锥垂直自由沉入净浆中，到试锥停止下沉或释放试锥 30 s 时，记录试锥下沉深度。整个操作过程应在搅拌后 1.5 min 内完成。

3.3.5 数据处理及试验结果

（1）当采用标准法时，以试杆沉入净浆并距底板（6 ± 1）mm 的水泥浆为标准稠度净浆，其拌和水为该水泥的标准稠度用水量 P，按水泥质量百分比计算。

（2）当采用代用法时，用调整水量方法测定的，以试锥下沉深度为（30 ± 1）mm 时的净浆为标准稠度净浆，其拌和水量为该水泥的标准稠度用水量 P，按水泥质量百分比计算；用不变水量方法测定的，根据试锥下沉深度 S（mm）按式（3.4）计算标准稠度用水量 P（%）。

$$P = 33.4 - 0.185S \tag{3.4}$$

标准稠度用水量可从仪器对应的标尺上直接读取，当 $S < 13$ mm 时，应改用调整水量法测定。

3.4 水泥凝结时间测定（GB/T 1346—2011）

3.4.1 试验方法和原理

通过测定试针沉入标准稠度水泥净浆并能稳定在规定深度所需的时间来表示水泥初凝和终凝时间。

3.4.2 试验目的及标准要求

通过凝结时间的测定，得到初凝时间和终凝时间，以便评定水泥质量，判定水泥是否符合凝结时间的技术标准要求，是否满足施工要求。

现行国家标准规定：硅酸盐水泥初凝时间不得早于 45 min，终凝时间不得迟于 390 min；普通硅酸盐水泥、矿渣水泥、火山灰水泥、粉煤灰水泥、复合水泥初凝时间不得早于 45 min，终凝时间不得迟于 10 h。

3.4.3 试验主要仪器

（1）凝结时间测定仪，如图 3.1 所示。

（2）量水器：最小刻度为 0.1 mL，精度 1%。

（3）电子台秤：最大称量不小于 1 000 g，分度值不大于 1 g。

（4）养护箱：温度（20 ± 3）°C，相对湿度 > 90%。

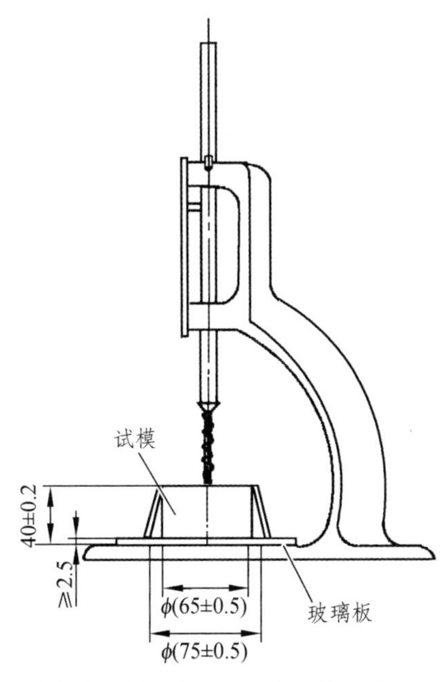

（a）初凝时间测定用立式试模的侧视图

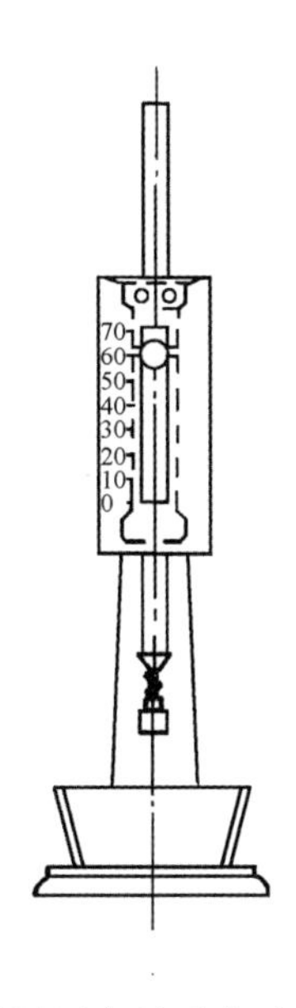

（b）终凝时间测定用反转试模的前视图

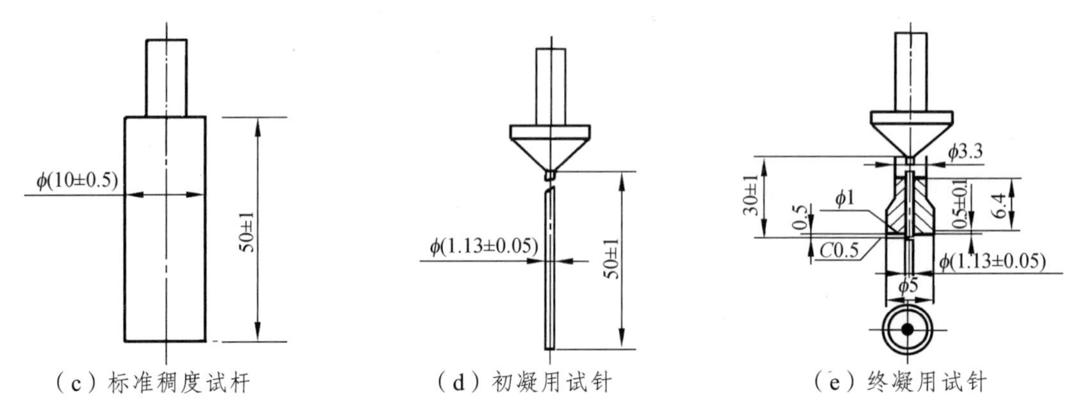

（c）标准稠度试杆　（d）初凝用试针　（e）终凝用试针

图 3.1　水泥凝结时间测定仪及配置（单位：mm）

3.4.4　主要试验步骤

（1）试件制备。以标准稠度用水量测定方法制备标准稠度水泥净浆，一次装满试模，振动数次刮平，立即放入养护箱内，记录水泥全部加入水中的时间即为凝结时间的起始时间。

（2）初凝时间测定。试件在养护箱中养护至加水后 30 min 时进行第一次测定。测定时，将试针与水泥净浆表面接触，拧紧螺钉 1 ~ 2 s 后，突然放松，让试针垂直自由沉入净浆，观察试针停止下沉或释放试针 30 s 时指针的读数，并同时记录此时的时间。

（3）终凝时间测定。在完成初凝测定后，将试模连同浆体从玻璃板上平移取下，并翻转 180° 将小端向下放在玻璃板上，再放入养护箱内继续养护。接近终凝时间时，每隔 15 min 测定一次，并同时记录测定时间。

注意事项：

（1）测定前调整试件接触玻璃板时，指针对准零点。

（2）整个测试过程中试针以自由下落为准，且沉入位置至少距试模内壁 10 mm。

（3）每次测定不能让试针落入原孔，每次测定后须将试针擦净并将试模放入养护箱，整个测试防止试模受振。

（4）临近初凝，每隔 5 min 测定一次，临近终凝，每隔 15 min 测定一次。达到初凝或终凝时应立即重复测一次，当两次结论相同时，才能确定达到初凝状态或终凝状态。

3.4.5　数据处理及结果评定

初凝时间确定：当试针沉至距底板（4 ± 1）mm 时，为水泥达到初凝状态，由水泥全部加入水中起至初凝状态的时间为初凝时间，用“分（min）”表示。终凝时间确定：当试针沉入试体 0.5 mm 时，即环形附件开始不能在试件上留下痕迹时，为水泥达到终凝状态，由水泥全部加入水中起至终凝状态的时间为终凝时间，用“分（min）”表示。

若初凝时间未达到标准要求，则判定为废品；若终凝时间未达到标准要求，则判定为不合格品。

3.5 安定性的测定（GB/T 1346—2011）

3.5.1 试验方法和原理

雷氏法（标准法）是通过测定沸煮后雷氏夹中两个试针的相对位移，即水泥标准稠度净浆体积膨胀程度，以此评定水泥浆硬化后体积安定性的方法。

试饼法（代用法）是观测沸煮后水泥标准稠度净浆试饼外形变化，评定水泥浆硬化后体积安定性的方法。

在体积安定性测定中，当雷氏法和试饼法发生争议时，以雷氏法为准。

3.5.2 试验目的及标准要求

通过测定沸煮后标准稠度水泥净浆试样的体积和外形的变化程度，评定体积安定性是否合格。

国家标准规定：硅酸盐水泥、普通硅酸盐水泥、矿渣硅酸盐水泥、粉煤灰硅酸盐水泥、火山灰硅酸盐水泥、复合硅酸盐水泥，沸煮法安定性检验必须合格。

3.5.3 试验主要仪器

（1）雷氏夹：由铜质材料制成，结构如图 3.2 所示。当一根指针的根部先悬挂在一根金属丝或尼龙丝上，另一根指针的根部再挂上 300 g 质量的砝码时，两根针针尖的距离增加应在（17.5 ± 2.5）mm 范围内，即 $2x$ =（17.5 ± 2.5）mm。当去掉砝码后针尖的距离能恢复至挂砝码前的状态。

（2）沸煮箱：有效容积约为 410 mm × 240 mm × 310 mm，篦板与加热器之间的距离大于 50 mm。箱的内层由不易锈蚀的金属材料制成，能在（30 ± 5）min 内将箱内的试验用水由室温升至沸煮状态并能保持沸煮状态 3 h 以上，整个试验过程不需补充水量。

（3）雷氏夹膨胀测定仪：标尺最小刻度为 0.5 mm，如图 3.3 所示。

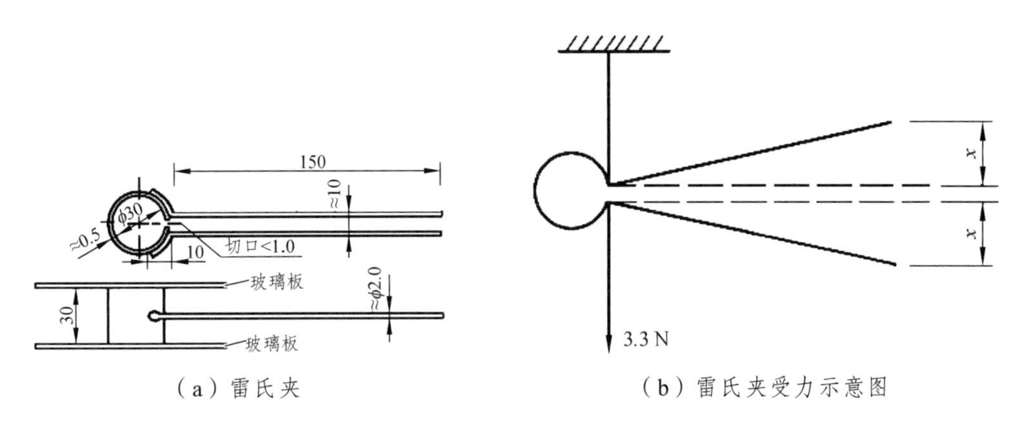

（a）雷氏夹　　（b）雷氏夹受力示意图

图 3.2　雷氏夹及受力示意图（单位：mm）

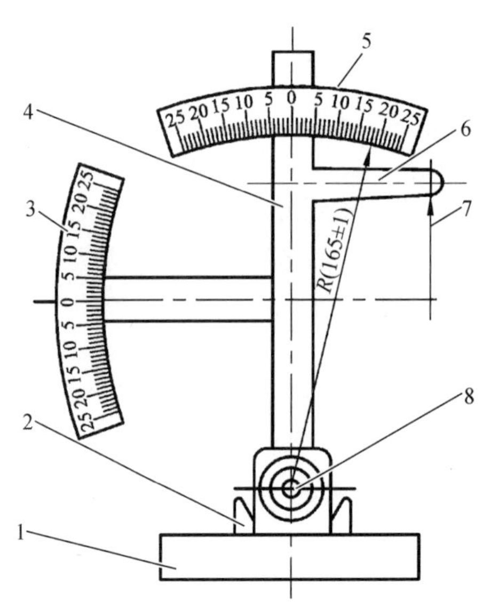

1—底座；2—模子座；3—测弹性标尺；4—立柱；5—测膨胀值标尺；
6—悬臂；7—悬丝；8—弹簧顶钮。

图 3.3　雷氏夹膨胀值测量仪

（4）水泥净浆搅拌机。

（5）养护箱。

（6）量水器和电子台秤。要求同水泥标准稠度用水量测定。

3.5.4　主要试验步骤

1. 标准法（雷氏法）

（1）将预先准备好的雷氏夹放在已稍擦油的玻璃板上，并立即将制好的标准稠度净浆一次装满雷氏夹。装浆时一只手轻轻扶持雷氏夹，另一只手用小刀插捣数次后抹平，盖上稍涂油的玻璃板，立即置于养护箱内养护（24 ± 2）h。

（2）调整好沸煮箱内的水位，使水位既能保证在整个沸煮过程中都超过试件，不需中途加水，又能保证在（30 ± 5）min 内达到沸腾。

（3）脱去玻璃板，取下试件，先测量雷氏夹指针尖端间的距离 A，精确至 0.5 mm；接着将试件放入沸煮箱水中的试件架上，指针朝上，然后在（30 ± 5）min 内加热至沸腾并恒沸（180 ± 5）min。

（4）沸煮结束后，立即放掉沸煮箱中的热水，打开箱盖，冷却至室温，取出试件，测量雷氏夹指针尖端的距离 C，准确至 0.5 mm。

2. 代用法（试饼法）

（1）将制好的标准稠度净浆分成两等份，使之成球，放在准备好的玻璃板上，制成直径 70 ~ 80 mm、中心厚约 10 mm、边缘渐薄、表面光滑的试饼，放入养护箱内养护（24 ± 2）h。

（2）按标准法沸煮试饼。沸煮结束后，放掉热水，冷却至室温，取出试饼观察、测量。

每种方法需平行测试两个试件。

3.5.5 数据处理及结果评定

1. 标准法

当沸煮前后两个试件指针尖端距离差（$C-A$）的平均值不大于 5.0 mm 时，即认为该水泥安定性合格；当两个试件的（$C-A$）相差超过 4.0 mm 时，应用同一样品立即重做一次试验，再如此，则认为水泥安定性不合格，视为废品处理。

2. 代用法

目测试饼未发现裂缝，钢直尺测量未弯曲（钢直尺和试饼底部紧靠，以两者间不透光为不弯曲）的试饼为安定性合格；当两个试饼判别结果不一致时，该水泥的安定性不合格。安定性不合格的水泥应视为废品。

3.6 水泥胶砂强度测定（ISO 法）（GB/T 17671—2021）

3.6.1 试验方法和原理

通过测定以标准方法制备成标准尺寸的胶砂试块的抗压、抗折破坏荷载，确定其抗压、抗折强度。

3.6.2 试验目的及标准要求

通过检验不同龄期的抗压、抗折强度，确定水泥的强度等级或评定水泥强度是否符合标准要求。

国标分别规定了通用水泥不同等级应达到相应的抗压、抗折强度最低值。

3.6.3 试验主要仪器

（1）行星式胶砂搅拌机：由搅拌锅、搅拌叶、电动机等组成。

（2）水泥胶砂试模：由三个模槽组成，可同时成型三条截面为 40 mm × 40 mm、长度为 160 mm 的棱柱体试件。

（3）水泥胶砂试件成型振实台。

（4）抗折试验机。

（5）抗压试验机。

（6）抗压夹具：受压面积为 40 mm × 40 mm。

3.6.4 主要试验步骤

1. 确定配合比

按水泥∶标准砂∶水 = 1∶3∶0.5（以质量计）的比例，每一锅胶砂成型三条试件，需水泥（450 ± 2）g、ISO 标准砂（1 350 ± 5）g、水（225 ± 1）g。

2. 搅　拌

把水加入锅里，再加入水泥，把锅放在固定架上，上升至固定位置。开动搅拌机，低速搅拌 30 s 后，在第一个 30 s 开始搅拌的同时均匀加入砂子，当各级砂是分装时，从最大粒级开始，依次将所需的每级砂量加完。把机器转至高速再拌 30 s。停拌 90 s，在第一个 15 s 内，用胶皮刮具将叶片和锅壁上的胶砂刮入锅中间。在高速下继续搅拌 60 s。各个搅拌阶段，时间误差应在 ± 1 s 以内。

3. 试件的制备

成型前将试模擦净，内壁均匀涂一薄层脱模油或机油。

胶砂制备后应立即成型，将空模及模套固定于振实台上，将胶砂分两层装入试模。装第一层时每模槽内约放 300 g 胶砂，并将料层插平振实 60 次；再装入第二层胶砂，插平后再振实 60 次。从振实台上取出试模，用金属直尺以近似 90°的角度架在试模模顶一端，沿试模长度方向从横向以锯割动作慢慢向另一端移动，一次将超出试模部分的胶砂刮去，并用同一直尺在近乎水平的情况下将试件表面抹平，然后做好标记。

4. 试件的养护

将做好标记的试模放入养护箱内至规定时间拆模，脱模应非常小心，对于 24 h 龄期的试件，应在试验前 20 min 内脱模，并用湿布覆盖。对于 24 h 以上龄期的试件，应在成型后 20 ~ 24 h 脱模，并放入水中养护［温度（20 ± 1）°C］。

5. 抗压、抗折强度测定

养护到期的试件，应在试验前 15 min 从水中取出，擦去表面沉积物，并用湿布覆盖。先进行抗折试验，后进行抗压试验。

试件龄期从水泥加水搅拌开始试验时算起。不同龄期强度试验在表 3.1 所示时间里进行：

表 3.1　水泥胶砂试件各龄期对应测试时间

龄期	测试时间
1d	24h ± 15 min
3d	3d ± 45 min
7d	7d ± 2h
28d	28d ± 8h

抗折试验：每龄期取出 3 块试体先做抗折强度试验。试验前擦去试体表面的水分和砂粒，清除夹具上的杂物，将试体放入抗折夹具内，应使侧面与圆柱接触。试体放入前应使杠杆成平衡状态。试体放入后调整夹具，使杠杆在试体折断时尽可能地接近平衡位置。以（50 ± 10）N/s 速率均匀将荷载加在试件相对侧面至折断，记录破坏荷载。

抗压试验：以折断后保持潮湿状态的两个半截棱柱体侧面为受压面，分别放入抗压夹具内，并要求试件中心、夹具中心、压力机压板中心三心合一，偏差为 ± 0.5 mm，以（2 400 ± 200）N/s 的速率均匀加荷至破坏，记录破坏荷载。

注意事项：

（1）试模内壁应在成型前涂薄层的隔离剂。

（2）脱模时应小心操作，防止试件受到损伤。

（3）养护时不应将试模叠放。

3.6.5 数据处理及结果评定

一组试件 3 块，分别进行抗折、抗压试验，测得破坏荷载。

抗折强度按式（3.5）计算（精确至 0.1 MPa）：

$$R_f = \frac{1.5F_fL}{b^3} \tag{3.5}$$

式中 F_f—— 棱柱体折断时的荷载（N）；

L—— 支撑圆柱之间的距离（mm）；

b—— 棱柱体截面边长（mm），$b = 40$ mm。

以一组 3 个棱柱体抗折强度的平均值为试验结果。若 3 个强度值中有偏离平均值 ± 10% 者，应剔除后再取平均值作为抗折强度试验结果。

抗压强度按式（3.6）计算（精确至 0.1 MPa）：

$$R_c = \frac{F_c}{A} \tag{3.6}$$

式中 F_c—— 受压破坏最大荷载（N）；

A—— 受压部分面积（mm^2），40 mm × 40 mm = 1 600 mm^2。

以一组 3 个棱柱体得到的 6 个抗压强度测定值的算术平均值为试验结果。如 6 个测定值中有一个偏离其平均值 ± 10% 时，应剔除这个结果，而以剩下 5 个的平均值为结果。若 5 个测定值中再有偏离其平均值 ± 10% 者，则此组结果作废。

当强度值低于标准要求的最低强度值时，应视为不合格或降低等级。

3.7 水泥胶砂流动度测定（GB/T 2419—2005）

3.7.1 试验目的

水泥胶砂流动度是表示水泥胶砂流动性的一种量度，在一定加水量下，流动度取决于水泥的需水性。胶砂流动度是水泥胶砂可塑性的反映。胶砂流动度以胶砂在跳桌上按规定操作进行跳动后测定底部扩散直径，用毫米（mm）表示，以扩散直径大小表示流动性好坏。测定水泥胶砂流动度是检验水泥需水性的一种方法。

3.7.2 试验主要仪器设备

（1）水泥胶砂流动测定仪（跳桌）。

（2）水泥胶砂搅拌机：由搅拌锅、搅拌叶、电动机等组成。

（3）试模：由截锥金属圆模和模套组成。圆模尺寸为：高度（60 ± 0.5）mm，上口内径（70 ± 0.5）mm，下口内径（100 ± 0.5）mm，下口外径 120 mm，模壁厚大于 5 mm。

（4）金属捣棒：直径为（20 ± 0.5）mm，长度约 200 mm。

（5）卡尺：量程不小于 300 mm，分度值不大于 0.5 mm。

（6）小刀：刀口平直，长度大于 80 mm。

（7）称：量程不小于 1 000 g，分度值不小于 1 g。

跳桌、试模及捣棒结构如图 3.4 所示。

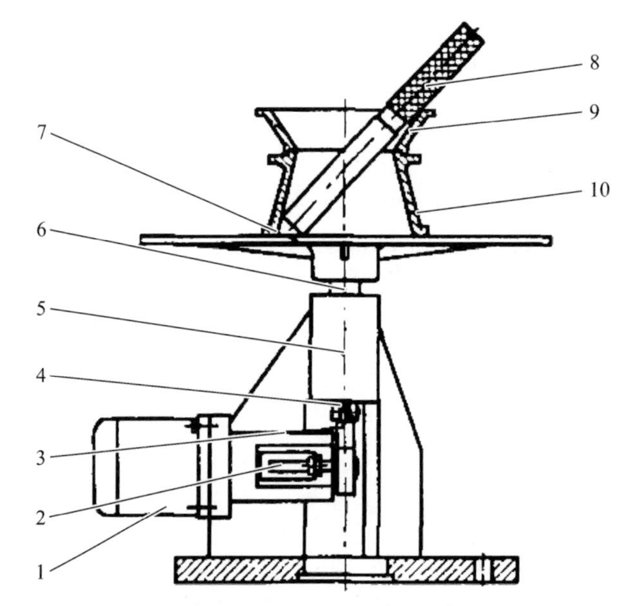

1—电机；2—接近开关；3—凸轮；4—滑轮；5—机架；6—推杆；
7—圆盘桌面；8—捣棒；9—模套；10—截锥圆模。

图 3.4 跳桌结构示意图

3.7.3 试验步骤

（1）新拌胶砂制备：按 GB/T 17671 标准要求设计胶砂材料配合比并进行搅拌制备。一次测定应称取水泥 450 g，标准砂 1 350 g，按预定的水灰比计算并量取拌和用水。

（2）使用前接通电源，打开电源开关，启动后跳动 25 次，自动停止，用湿布擦好圆盘平面和截锥圆模、模套（漏斗）捣棒，放在跳桌的圆盘玻璃中间位置，盖好湿布。

（3）将按规定拌制好的水泥胶砂，分两层迅速装入模内，第一层装至截锥圆模高的三分之二，用小刀在两个方向（互相垂直）各划 5 次，再用捣棒自边缘到中心均匀捣 15 次，如图 3.5 所示。

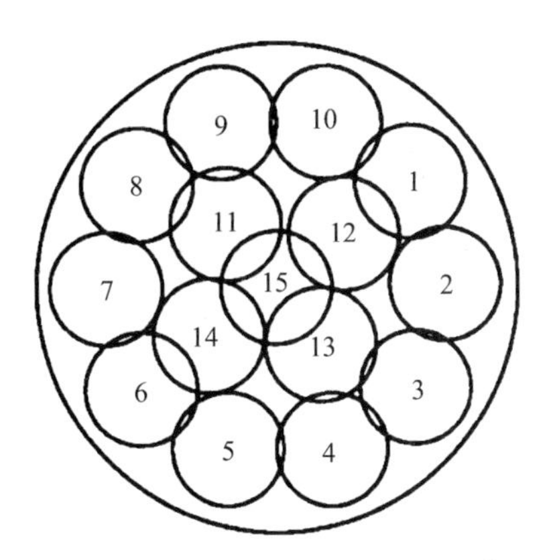

图 3.5 第一层捣压位置示意图

（4）接着装第二层胶砂，装到高于截锥圆模约 2 cm，同样用小刀在两个方向（互相垂直）各划 5 次，再用捣棒自边缘到中心均匀捣 10 次，如图 3.6 所示。

注意：装水泥胶砂和捣实时，用手将截锥圆模扶持住不动。

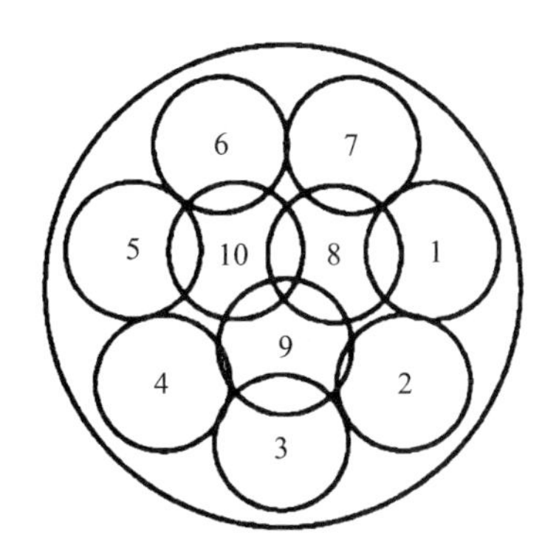

图 3.6 第二层捣压位置示意图

（5）捣压完毕取下模套，用刮平刀将高出截锥圆模的胶砂刮平，刮平后将截锥圆模垂直向上轻轻提起。立即打开电源开关，启动电机，开始转动，电机继续以每秒一次的速度频率转动，共 25 次，自动停止。

（6）注意：流动度试验，从胶砂加水开始到测量扩散直径结束，应在 6 min 内完成。

3.7.4 试验结果处理

跳动完毕，用卡尺测量水泥胶砂底部互相垂直的两个方向的直径，计算平均值，取整数，单位为毫米（mm）。该平均值即为该水量的水泥胶砂流动度。

第 4 章　混凝土实验

4.1　砂、石材料试验（GB/T 14684—2022、GB/T 14685—2022）

4.1.1　砂、石材料取样方法的规定

1. 砂

（1）在料堆上取样时，取样部位应均匀分布。取样前先将取样部位表层铲除，然后从不同部位随机抽取大致等量的砂 8 份，组成一组样品。

（2）从皮带运输机上取样时，应全断面定时随机抽取大致等量的砂 4 份，组成一组样品。

（3）从火车、汽车、货船上取样时，从不同部位和深度随机抽取大致等量的砂 8 份，组成一组样品。

（4）缩分方法：

分料器法：将样品在潮湿状态下拌和均匀，然后通过分料器，取接料斗中的一份再次通过分料器。重复上述过程，直至把样品缩分到试验所需量为止。

人工四分法：将所取样品置于平板上，在潮湿状态下拌和均匀，并堆成厚度约为 20 mm 的圆饼，然后沿互相垂直的两条直径把圆饼分成大致相等的 4 份，取其中对角线的两份重新拌匀，再堆成圆饼。重复上述过程，直至把样品缩分到试验所需量为止。

2. 石

（1）在料堆上取样时，取样部位应均匀分布。取样前先将取样部位表层铲除，然后从顶部、中部和底部均匀分布抽取大致等量的石子 15 份，组成一组样品。

（2）从皮带运输机上取样时，应用接料器在皮带运输机机尾的出料处定时抽取大致等量的石子 8 份，组成一组样品。

（3）从火车、汽车、货船上取样时，从不同部位和深度抽取大致等量的石子 16 份，组成一组样品。

（4）缩分方法：采用人工四分法（同砂）。

4.1.2　砂的筛分试验

1. 试验目的和意义

通过砂子筛分试验，计算砂的细度模数，确定砂子级配的好坏和粗细程度。砂的级配好坏和细度大小，对于混凝土的水泥用量具有显著的影响。

2. 试验仪器及设备

（1）试验筛：规格为 0.15 mm，0.30 mm，0.60 mm，1.18 mm，2.36 mm，4.75 mm 及 9.50 mm 的方孔筛，并附有筛底和筛盖。

（2）电子台秤：量程不小于 1 000 g，分度值不大于 1 g。

（3）烘箱、摇筛机、瓷盘、容器、毛刷等。

3. 试样制备

筛除大于 9.5 mm 的颗粒（并算出其筛余百分率），将试样缩分至约 1 100 g，放在（105 ± 5）°C 的温度下烘干至恒质量，分成大致相等的两份备用。

4. 试验步骤

（1）称取烘干试样 500 g，精确至 1 g。

（2）将孔径 9.5 mm，4.75 mm，2.36 mm，1.18 mm，0.600 mm，0.300 mm，0.150 mm 的筛子按筛孔大小顺序叠置，孔径大的放上层。加底盘后，将试样倒入最上层 9.5 mm 筛内，加盖置摇筛机上筛 10 min。

（3）将整套筛自摇筛机上取下，按孔径从大至小逐个在洁净瓷盘上进行手筛。各号筛均须筛至每分钟通过量不超过试样总质量的 0.1% 为止，通过的颗粒并入下一号筛中一起过筛。按此顺序进行，至各号筛筛完为止。称出各号筛的筛余量，精确至 1 g。

（4）试样在各号筛上的筛余量不得超过式（4.1）的计算结果。

$$m_r = \frac{A \cdot d^{1/2}}{200} \tag{4.1}$$

式中 m_r—— 筛余量（g）；

A—— 筛的面积（mm^2）；

d—— 筛孔尺寸（mm）。

超过时应按下列方法之一处理：

① 将该粒级试样分成少于按公式（4.1）计算出的量，分别筛分，并以筛余量之和作为该号筛的筛余量。

② 将该粒级及以下各粒级的筛余混合均匀，称出其质量，精确至 1 g。再用四分法缩分为大致相等的两份，取其中一份，称出其质量，精确至 1 g，继续筛分。计算该粒级及以下各粒级的分计筛余量时应根据缩分比例进行修正。

（5）称量各号筛筛余试样的质量，精确至 1 g。所有各号筛的筛余质量和底盘中剩余试样质量的总和与筛分前的试样总质量相比，其差值不得超过 1%，否则须重新试验。

5. 试验结果

（1）分计筛余百分率。将各号筛上的筛余量除以试样总量，以求得各筛分计筛余百分率，精确到 0.1%。

（2）累计筛余百分率。将各号筛的分计筛余百分率与大于该号筛的各分计筛余百分率累加起来，以求得该号筛的累计筛余百分率，计算精确至 0.1%。

（3）按式（4.2）计算细度模数 M_x（精确至 0.01）：

$$M_x = \frac{(A_2 + A_3 + A_4 + A_5 + A_6) - 5A_1}{100 - A_1} \quad (4.2)$$

式中　$A_1 \sim A_6$ —— 4.75 ~ 0.150 mm 六个筛上的累计筛余百分率。

（4）筛分试验应用两份试样进行，并以两次试验值的算术平均值作为试验结果。分计筛余、累计筛余百分率精确至 1%，细度模数精确至 0.1。如果两次试验所得细度模数之差大于 0.02，应重新进行试验。

4.1.3　砂的视密度试验

1. 试验目的和意义

测定砂的视密度，以此评定砂的质量。砂的视密度也是进行混凝土配合比设计的必要数据之一。

2. 试验仪器及设备

（1）托盘电子台秤：最大称量 1 000 g，分度值 1 g。

（2）容量瓶：容积为 500 mL。

（3）烘箱、干燥器、浅盘、料勺、温度计等。

3. 试样制备

将取回的试样用四分法缩取约 660 g，置于温度为（105 ± 5）°C 的烘箱中烘干至恒量，冷却至室温后分成两份备用。

4. 试验步骤

（1）称取烘干试样 300 g（m_0），精确至 1 g，装入盛有冷开水至半满的容量瓶中，塞紧瓶塞。

（2）静置 24 h 后，打开瓶塞，摇动容量瓶，使试样在水中充分搅动以排除气泡。然后用滴管加水，使水面与瓶颈刻度线平齐，塞紧瓶塞，擦干瓶外水分，称出质量（m_1），精确至 1 g。

（3）倒出瓶中水和试样，将瓶内外表面洗净。再向瓶内注入与（2）项水温相差不超过 2 °C 的冷开水至瓶颈刻度线，塞紧瓶塞，擦干瓶外水分，称其质量（m_2），精确至 1 g。

5. 试验结果

试样的视密度 ρ' 按式（4.3）计算：

$$\rho' = \left(\frac{m_0}{m_0 + m_2 - m_1} - \alpha_t \right) \cdot \rho_{H_2O} \quad (4.3)$$

式中　m_0 —— 烘干试样质量 300 g；

m_1 —— 试样和水加容量瓶的总质量（g）；

m_2 —— 水加容量瓶的总质量（g）；

α_t —— 不同水温对砂的表观密度影响的修正系数，其取值见表 4.1；

ρ_{H_2O} —— 水的密度（g/cm^3）。

表 4.1　不同水温对砂的表观密度影响的修正系数

水温/°C	15	16	17	18	19	20	21	22	23	24	25
α_t	0.002	0.003	0.003	0.004	0.004	0.005	0.005	0.006	0.006	0.007	0.008

以两次测定结果的算术平均值作为试验结果，精确至 0.01 g/cm^3；如两次结果之差大于 0.02 g/cm^3，应重新取样做试验。

4.1.4　砂的堆积密度试验

1. 试验目的和意义

测定砂的堆积密度并计算空隙率，借以评定砂的质量。砂的堆积密度也是混凝土配合比设计必需的重要数据之一。在运输中，可以根据砂的堆积密度换算砂的运输质量和体积。

2. 试验仪器及设备

（1）台秤：最大称量 10 kg，分度值 1 g。

（2）容量筒：金属制圆柱形筒，容积为 1 L，内径为 108 mm，净高为 109 mm，筒壁厚为 2 mm，筒底厚为 5 mm。

（3）烘箱、漏斗或料勺、直尺、浅盘等。

（4）方孔筛：孔径为 4.75 mm 的筛一只。

3. 试样制备

用浅盘取砂样约 3 L，在温度为（105 ± 5）°C 的烘箱中烘干至恒量，取出冷却至室温后，筛除大于 4.75 mm 的颗粒，分成大致相等的两份备用。

4. 试验步骤

称容量筒质量（m_1），精确至 1 g。用漏斗或料勺将试样徐徐装入容量筒内，漏斗（图 4.1）或料勺距离筒口约为 5 cm，装满并使筒口上部试样呈锥形，然后用钢尺将筒口上部多余的试样，沿筒口中心线向两个相反方向刮平后称质量（m_2），精确至 1 g。

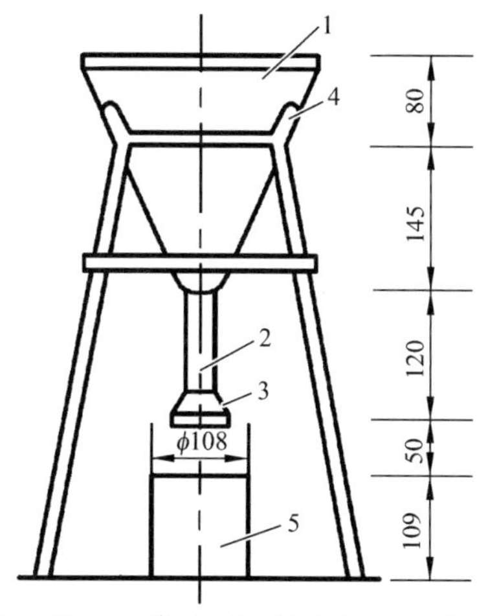

1—漏斗；2—φ20 mm 管子；3—活动门；4—筛子；5—容量筒。

图 4.1　砂堆积密度漏斗（单位：mm）

5. 试验结果

（1）堆积密度按式（4.4）计算（精确至 10 kg/m^3）：

$$\rho_0' = \frac{m_2 - m_1}{V} \tag{4.4}$$

式中　m_1—— 容量筒的质量（kg）；

m_2—— 容量筒和砂的总质量（kg）；

V—— 容量筒容积（m^3）。

以两次试验结果的算术平均值作为测定值。

（2）空隙率 P' 按式（4.5）计算（精确至 1%）：

$$P' = \left(1 - \frac{\rho_0'}{\rho'}\right) \times 100\% \tag{4.5}$$

式中　ρ_0'—— 砂的堆积密度；

ρ'—— 砂的视密度（近似表观密度）。

以两次试验结果的算术平均值作为测定值。

4.1.5　砂的含水率试验

1. 试验目的和意义

测定砂的含水率，以供搅拌混凝土时校正加水量和用砂量之用。此外，砂料的含水率对于砂料的体积也有很大影响。当验收砂时也可根据其含水率来进行体积的折算。

2. 试验仪器及设备

（1）电子台秤：称量 2 kg，分度值 2 g。

（2）烘箱、干燥器、浅盘等。

3. 试验步骤

（1）将约 500 g 试样装入已称得质量为 m_1（精确至 2 g）的浅盘中，称出试样连同浅盘的总质量 m_2（精确至 2 g）。摊开试样，置于温度为（105 ± 5）°C 的烘箱中烘干至恒量，然后置于干燥器中冷却至室温。

（2）称出烘干试样连同浅盘的总质量 m_3（精确至 2 g）。

4. 试验结果

试样的含水率 w 按下式计算（精确至 0.1%）：

$$w = \frac{m_2 - m_3}{m_3 - m_1} \times 100\% \tag{4.6}$$

式中　m_1—— 容器质量（g）；

m_2—— 未烘干试样与容器的总质量（g）；

m_3—— 烘干试样与容器的总质量（g）。

以两次测定值的算术平均值作为试验结果。砂的表面含水率可将此试验值减去其吸水率求得。

4.1.6 机制砂亚甲蓝（*MB*）值

1. 试验目的

判定机制砂吸附性能，*MB* 值大机制砂吸附性高，含泥量相对较高。*MB* 值大于 1.4，机制砂中石粉将对混凝土性能产生不利影响。

2. 试剂、材料及试验仪器设备

（1）亚甲蓝（$C_{16}H_{18}ClN_3S \cdot 3H_2O$）：又称亚甲基蓝，纯度不小于 98.5%。

（2）滤纸：应选用快速定量滤纸。

（3）试验筛：孔径为 75 μm、1.18 mm 和 2.36 mm 的筛。

（4）电子台秤：量程不小于 1 000 g、分度值不大于 0.1 g 及量程不小于 100 g、分度值不大于 0.01 g 各一台。

（5）移液管：5 mL、2 mL 移液管。

（6）定时装置：分度值 1s。

（7）玻璃容量瓶：1L。

（8）容器：要求淘洗试样时，保持试样不溅出（深度大于 250 mm）。

3. 试验步骤

（1）将试样缩分至约 400 g，放在烘箱中于（105 ± 5）°C 下烘干至恒量，待冷却至室温后，筛除大于 2.36 mm 的颗粒备用。

（2）称取试样 200 g，精确至 0.1 g，记为 m_0。将试样倒入盛有（500 ± 5）mL 蒸馏水的烧杯中，用叶轮搅拌机以（600 ± 60）r/min 的转速搅拌 5 min，使其成悬浮液，然后持续以（400 ± 40）r/min 的转速搅拌，直至试验结束。

（3）悬浮液中加入 5 mL 亚甲蓝溶液，以（400 ± 40）r/min 的转速搅拌至少 1 min 后，用玻璃棒沾取一滴悬浮液（所取悬浮液滴应使沉淀物直径在 8 ~ 12 mm 内），滴于滤纸（置于空烧杯或其他合适的支撑物上，以使滤纸表面不与任何固体或液体接触）上。若沉淀物周围未出现色晕，再加入 5 mL 亚甲蓝溶液，继续搅拌 1 min，再用玻璃棒沾取一滴悬浮液，滴于滤纸上；若沉淀物周围仍未出现色晕，则重复上述步骤，直至沉淀物周围出现约 1 mm 的稳定浅蓝色色晕。此时，应继续搅拌，不加亚甲蓝溶液，每 1 min 进行一次沾染试验。若色晕在 4 min 内消失，则再加入 5 mL 亚甲蓝溶液；若色晕在第 5 min 消失，则再加入 2 mL 亚甲蓝溶液。两种情况下，均应继续进行搅拌和沾染试验，直至色晕可持续 5 min。

（4）记录色晕持续 5 min 时所加入的亚甲蓝溶液总体积（V），精确至 1 mL。

4. 试验结果计算

亚甲蓝（*MB*）值按公式（4.7）计算，精确至 0.1：

$$MB = \frac{V}{m_0} \times 10 \tag{4.7}$$

式中：MB ——亚甲蓝值（g/kg）;

m_0 ——试样质量（g）;

V ——所加入的亚甲蓝溶液的总量（mL）;

10——每千克试样消耗的亚甲蓝溶液体积换算成亚甲蓝质量。

4.1.7 石子的筛分试验

1. 试验目的和意义

石子的颗粒级配对于混凝土中水泥用量的大小具有显著的影响，是评定石子质量的一个重要依据。

2. 试验仪器及设备

（1）标准筛一套。

（2）电子台秤或台秤，称量随试样质量而定，分度值为试样质量的 0.1% 左右。

（3）烘箱、摇筛机、容器、浅盘等。

3. 试样制备

将取回的试样用四分法缩取不小于表 4.2 规定的试样数量，经烘干或风干后备用。

表 4.2 试样最少质量

石子最大粒径/mm	10.0	16.0	20.0	25.0	31.5	40.0	63.0	80.0
试样质量/kg	2.0	3.2	3.8	5.0	6.3	7.5	12.6	16.0

4. 试验步骤

（1）按表 4.2 规定数量取试样一份，精确至 1 g，将试样倒入按孔径大小从上到下组合的套筛（附底筛）上，然后筛分。

（2）将套筛置于摇筛机上摇 10 min，取下套筛，按筛孔大小顺序逐个用手筛，筛至每分钟通过量不超过试样总量 0.1% 时为止，通过的颗粒并入下一号筛中，按这样的顺序进行直至各号筛全部筛完为止。

（3）筛余量称量精确至试样总量的 0.1%，各筛分计筛余量之和与筛底剩余量的总和与筛前总量相差不得超过 1%。

5. 试验结果

分计筛余百分率和累计筛余百分率的计算方法与砂的筛分试验相同。

4.1.8 卵石或碎石的视密度试验

1. 试验目的和意义

石子的视密度，是指不包括颗粒的外部孔隙在内，但却包括颗粒内部孔隙在内的单位体积的质量。

石子的视密度与石子的矿物成分有关。测定石子的视密度，可以鉴别石子的质量，同时也是计算空隙率和进行混凝土配合比设计的必要数据之一。此方法可用于最大粒径不大于 37.5 mm 的碎石或卵石。

2. 试验仪器及设备

（1）电子台秤：称量 5 kg，分度值 1 g。

（2）广口瓶：1 000 mL，磨口并带玻璃片。

（3）筛（孔径 4.75 mm）、烘箱、金属丝刷、浅盘、带盖容器、毛巾等。

3. 试样制备

将试样筛去 4.75 mm 以下的颗粒，用四分法缩分至不少于 2 kg，风干并洗刷干净后，分两份备用。

4. 试验步骤

（1）取试样一份浸水饱和后，装入广口瓶中。装试样时，广口瓶应倾斜一定角度，然后注满饮用水，用玻璃片覆盖瓶口。以上下左右摇晃的方法排尽气泡。

（2）气泡排尽后，再向瓶中添加饮用水至水面凸出瓶口边缘。然后用玻璃板沿瓶口迅速滑行，使其紧贴瓶口水面，擦干瓶外水分，称出试样、水、瓶和玻璃板的总质量（m_1），精确至 1 g。

（3）将瓶中试样倒入浅盘中，置于温度为（105 ± 5）°C 的烘箱中烘干至恒量，然后取出置于带盖的容器中冷却至室温后称出试样的质量（m_0），精确至 1 g。

（4）将瓶洗净，重新注入饮用水。用玻璃板紧贴瓶口水面，擦干瓶外水分后称出质量（m_2），精确至 1 g。

5. 试验结果

视密度 ρ' 按式（4.8）计算（精确至 10 kg/m^3）：

$$\rho' = \left(\frac{m_0}{m_0 + m_2 - m_1} - \alpha_t\right) \cdot \rho_{H_2O} \tag{4.8}$$

式中　m_0 —— 烘干后试样质量（g）；

m_1 —— 试样、水、玻璃片和瓶的总质量（g）；

m_2 —— 水、瓶和玻璃片总质量（g）；

α_t —— 不同水温对石子的表观密度影响的修正系数，取值见表 4.3；

ρ_{H_2O} —— 水的密度，为 1 000 kg/m^3。

表 4.3　不同水温对石子的表观密度影响的修正系数

水温/°C	15	16	17	18	19	20	21	22	23	24	25
α_t	0.002	0.003	0.003	0.004	0.004	0.005	0.005	0.006	0.006	0.007	0.008

视密度试验应用两份试样，以两次结果的算术平均值作为试验结果。若两次结果之差大于 20 kg/m^3，则应重新取样试验。对颗粒材质不均匀的试样，如两次结果之差超过 20 kg/m^3，

可取 4 次测定结果的算术平均值作为测定值。

4.1.9 卵石或碎石的堆积密度试验

1. 试验目的和意义

测定干燥石子的堆积密度和空隙率，可用以评定石子的质量好坏。同时石子的堆积密度也是进行混凝土配合比设计的必要数据之一。

2. 试验仪器及设备

（1）台秤：称量 10 kg，分度值 10 g。

（2）磅秤：称量 50 kg 或 100 kg，分度值 50 g。

（3）容量筒：其规格见表 4.4。

表 4.4 容量筒的规格要求

卵石（碎石）的最大粒径/mm	容量筒容积/L	容量筒规格/mm		筒壁厚度/mm
		内径	净高	
10.0、16.0、20.0、25.0	10	208	294	2
31.5、40.0	20	294	294	3
50.0、63.0、80.0	30	360	294	4

（4）烘箱、平头铁锹。

3. 试样制备

用浅盘按表 4.5 所规定的质量盛装试样，在（105 ± 5）°C 的烘箱中烘干；也可以摊在清洁的地面上进行风干。拌匀后分成两份备用。

表 4.5 堆积密度试验取样质量

石子最大粒径/mm	取样质量/kg
10.0、16.0、20.0、25.0	40
31.5、40.0	80
50.0、63.0、80.0	120

4. 试验步骤

取试样一份，置于平整干净的地面（或铁板）上，用平头铁铲铲起试样，使石子自由落入容量筒内（铁铲的齐口至容量筒上口距离约为 5 cm）。装满后，除去凸出筒口表面的颗粒，并以合适的颗粒填入凹陷空隙中，使表面凸起部分与凹陷部分的体积大致相等，最后称出容量筒连同试样的总质量（m_2）。

5. 试验结果

（1）堆积密度 ρ_0' 按式（4.9）计算（精确至 10 kg/m^3）：

$$\rho_0' = \frac{m_2 - m_1}{V} \quad (4.9)$$

式中　m_1 —— 量筒的质量（kg）；

m_2 —— 量筒和试样总质量（kg）；

V —— 量筒的容积（m^3）。

以两次测定值的算术平均值作为试验结果。

（2）空隙率 P' 按式（4.10）计算（精确至 1%）：

$$P' = \left(1 - \frac{\rho_0'}{\rho'}\right) \times 100\% \quad (4.10)$$

式中　ρ_0' —— 石子的堆积密度（kg/m^3）；

ρ' —— 石子的视密度（近似表观密度）（kg/m^3）。

以两次测定值的算术平均值作为试验结果。

4.1.10　卵石或碎石含水率试验

1. 试验目的和意义

测定石子的含水率，用于调整混凝土加水量。

2. 试验仪器及设备

（1）托盘电子台秤或台秤：称量 10 kg，分度值 1 g。

（2）烘箱、浅盘等。

3. 试样制备

将取回的试样用四分法缩取不少于表 4.5 规定的质量，再分为两份备用。

4. 试验步骤

（1）按表 4.6 要求取试样一份，装入已称质量为 m_1 的浅盘内，称出试样和浅盘的总质量 m_2。

表 4.6　石含水率试验取样质量

最大粒径/mm	10.0	16.0	20.0	25.0	31.5	40.0	63.0	80.0
取样质量/kg	2	2	2	2	3	3	4	6

（2）摊平试样，置于温度为（105 ± 5）°C 的烘箱中烘干至恒量（烘干过程中每隔 0.5 h 翻拌一次），冷却至室温后，称出试样和浅盘的总质量 m_3。

5. 试验结果

含水率 w 用式（4.11）计算（精确至 0.1%）：

$$w = \frac{m_2 - m_3}{m_3 - m_1} \times 100\% \quad (4.11)$$

式中 m_1—— 浅盘质量（g）;

m_2—— 未烘干时试样和浅盘的总质量（g）;

m_3—— 烘干后试样和浅盘的总质量（g）。

以两次测定值的算术平均值作为试验结果。

4.2 新拌混凝土试验（GB/T 50080—2016）

4.2.1 试验室拌和方法

1. 一般规定

（1）在试验室拌和混凝土，室内相对湿度不小于 50%，室温应保持在（20 ± 5）°C。

（2）拌制混凝土所用原材料应符合技术要求，并与施工实际用料相同。在拌和前，材料的温度应与室温相同。水泥如有结块现象，应用 64 孔/cm^2 筛过筛，筛余团块不得使用。

（3）称量的精确度要求：骨料为 ± 0.5%，水、水泥、掺合料、外加剂为 ± 0.2%。

（4）在拌制混凝土前，应先做砂、石的含水率试验。根据含水率计算出含水量，并从拌和用水量中扣除，但在称量砂、石时则应加上相应的质量。

（5）测定新拌混凝土本身的性质时，应尽快进行试验。试验前应经人工略加翻拌，以保证其质量均匀。

2. 主要拌和设备

（1）搅拌机：容积为 50 ~ 100 L，转速为 18 ~ 22 r/min。

（2）电子台秤：50 kg 或 100 kg，分度值 10 g。

（3）电子台秤：10 kg，分度值 5 g。

（4）电子台秤：称量 1kg，分度值 0.5 g。

（5）量筒：200 mL，1 000 mL。

（6）拌板：1.5 m × 2 m 左右。

（7）拌铲、成料容器等。

3. 拌和方法

（1）人工拌和法：测定砂、石含水率，按所定配合比备料。将拌板和拌铲用湿布润湿后，将砂倒在拌板上，然后加上水泥，用铲自拌料一端翻到另一端；如此重复，直至充分混合，颜色均匀为止。再加上石料，翻拌至均匀混合。将干拌合料堆成堆，在中间做一凹槽，将已称量好的水，倒入一半左右在凹槽中，注意勿使水流出。然后仔细翻拌，并徐徐加入剩余的水，继续翻拌。每翻一次，用铲在拌合物上铲切一次。从加水完毕时算起，至少应翻拌 6 次。拌和时间（从加水完毕时算起），应大致符合下列规定：拌合料体积在 30 L 以下时，为 4 ~ 5 min；拌合料体积为 30 ~ 50 L 时，为 5 ~ 9 min；拌合料体积为 51 ~ 75 L 时，为 9 ~ 12 min。拌好后应根据试验要求，立即做坍落度试验或成型试件。从加水时算起，全部操作必须在 30 min 内完成。

（2）机械搅拌法：按试验配合比备料。搅拌前，要用相同配合比的水泥砂浆，对搅拌机进行涮膛，然后倒出并刮去多余的砂浆。其目的是让水泥砂浆薄薄黏附在搅拌机的筒壁上，以免正式拌和时影响配合比。开动搅拌机，向搅拌机内按顺序加入石子、砂和水泥。干拌均匀，再将水徐徐加入。加料时间不应超过 2 min。水全部加入后，继续拌和 2 min。将混凝土拌合物从搅拌机中卸出，倾倒在拌和板上，再经人工翻拌 1 ~ 2 min，使拌合物均匀一致，即可进行试验。

4.2.2 新拌混凝土和易性试验

混凝土拌合物应具有适应构件尺寸和施工条件的和易性，即应具有适宜的流动性和良好的黏聚性与保水性，借以保证施工质量，从而获得均匀密实的混凝土。测定混凝土拌合物流动性常用的方法是测定它的坍落度（扩展度）或维勃稠度。

1. 坍落度、扩展度试验

（1）试验目的和意义。

坍落度、扩展度是表示新拌混凝土稠度大小的一种指标，以它来反映混凝土拌合物流动性的大小。本方法适用于坍落度不小于 10 mm 混凝土拌合物、最大粒径不大于 40.0 mm 的塑性混凝土和高流动性混凝土。试验需 15 L 拌合物。

（2）试验设备。

① 截头圆锥筒：根据表 4.7 进行选择。常用的标准圆锥坍落筒如图 4.2 所示。

表 4.7 圆锥筒规格

最大粒径/mm	圆锥筒名称	圆锥筒尺寸/mm			
		底面内径	顶面内径	高　度	筒壁厚度
70 及 70 以下	标准圆锥筒	200 ± 2	100 ± 2	300 ± 2	≥1.5

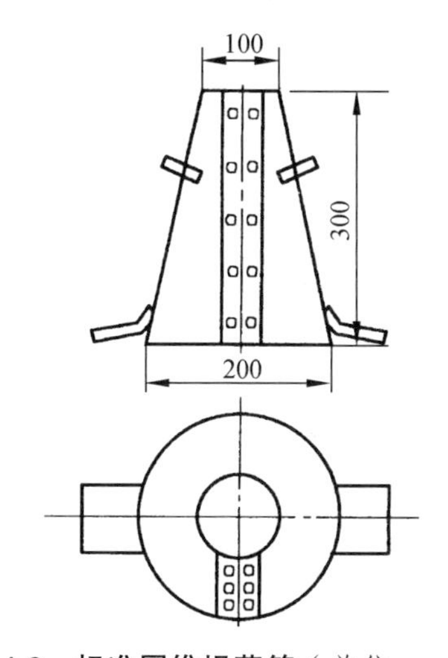

图 4.2 标准圆锥坍落筒（单位：mm）

② 弹头形捣棒：直径为 16 mm、长为 650 mm 的金属棒，端部磨圆。

③ 平板：用标准圆锥筒时，平板应用 700 mm × 700 mm 的金属板或漆布。

④ 小铁铲、装料漏斗、小木尺（宽约 40 mm、长约 300 mm、厚为 34 mm）、钢尺（长 300 ~ 500 mm，并带有刻度）、镘刀等。

（3）试验步骤。

① 每次试验前将截头圆锥筒内外擦净，顶部扣上漏斗并润湿，放置在经水润湿的平板上（或漆布上），用双脚踏紧踏脚板。

② 用取样勺将混凝土拌合物分三层装入筒内，使每层装入高度稍高于筒高的 1/3。

③ 每装一层，用捣棒垂直插捣 25 次。插捣应在全部面积上进行，沿螺线由边缘渐向中心。插捣底层混凝土时，捣棒应捣至底部。插捣其他两层时，应插至下层表面为止。

④ 插捣完毕即取下漏斗，将多余的混凝土刮去，使之与筒齐平。筒周围拌板上的混凝土必须刮净。

⑤ 将圆锥筒小心地垂直向上提起，不得歪斜，将筒放在拌和料锥体一旁，当试样不再继续坍落或坍落时间达到 30s 时，筒顶上放一木尺，用钢尺量出木尺底面至试样最高点的垂直距离，以毫米（ mm ）计，读数准确至 5 mm，即为拌合料的坍落度。坍落度的测定如图 4.3 所示。坍落筒的提离过程应在 3 ~ 7 s 完成。从开始装料到提坍落筒的整个过程应不间断地进行，并应在 150 s 内完成。

坍落度筒提离后，如试样发生崩坍或一边剪切现象，则用重新取样进行测试；如果第二次仍出现这种现象，则表示该拌合物和易性不好，应予以记录备查。

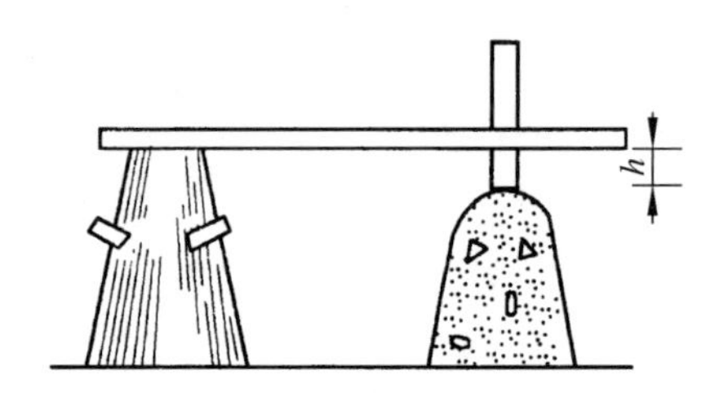

图 4.3　坍落度测量方法

⑥ 测定坍落度之后，应用目测方法判断新拌混凝土的含砂率、黏聚性和保水性是否合格，观察方法见表 4.8、表 4.9 和表 4.10。

⑦ 当混凝土拌合物坍落度不小于 160 mm 时，应使用钢尺测量混凝土拌合物展开的扩展面的最大直径以及垂直于最大直径方向的直径，在两者之差小于 50 mm 的条件下，其算术平均值作为扩展度值；否则，此次试验无效。

（4）试验结果。

① 一次拌和的混凝土，其坍落度只测一次作为试验结果。

② 根据表 4. 6、表 4. 7 和表 4. 8 的规定，判断含砂率是否适宜，判断黏聚性和保水性是否良好。

表 4.8 混凝土含砂率的观察方法

用镘刀抹混凝土面次数	抹 面 状 态	判 断
1～2	砂浆饱满，表面平整，不见石子	含砂率过大
5～6	砂浆尚满，表面平整，微见石子	含砂率适中
＞6	石子裸露，有空隙，不易抹平	含砂率过小

表 4.9 混凝土黏聚性的观察方法

测定坍落度后，用弹头棒轻轻敲击锥体侧面	判 断
锥体渐渐向下沉落，侧面看到砂浆饱满，不见蜂窝	黏聚性良好
锥体突然崩塌或溃散，侧面看到石子裸露，浆体流淌	黏聚性不好

表 4.10 混凝土保水性的观察方法

做坍落度试验（在插捣时和提起圆锥筒后）	判 断
有较多水分从底部流出	保水性差
有少量水分从底部流出	保水性稍差
无水分从底部流出	保水性良好

（5）和易性的调整。

如果坍落度不符合设计要求，就应立即调整配合比。具体地说，当坍落度过小时，应保持水灰比不变，适当添加水泥和水；当坍落度过大时，则应保持含砂率不变，适当添加砂与石子；当黏聚性不良时，应酌量增大含砂率（增加砂子用量）；反之，若砂浆显得过多时，则应酌量减少含砂率（可适当增加石子用量）。根据实践经验，要使坍落度增大 10 mm，水泥和水各需添加约 2%（相对于原用量）；要使坍落度减小 10 mm，则砂与石子需各添加约 2%（相对于原用量）。对于大流动性混凝土，根据其拌合物的扩展度、保水性、是否离析、巴底、石子外露及包裹情况来判定和易性。添加材料后，应重新拌和 2 min，然后重测坍落度。材料调整最大量不超过 15%，调整时间不能拖得过长。从加水时算起，如果超过 0.5 h，则应重新配料拌和，进行试验。

2. 扩展时间（T500）、间隙通过性指标（J 环）试验（GB/T 50080—2016）

（1）试验目的和意义。

测试自密实混凝土或大流动性混凝土的流动性（稠度）及填充性。

（2）试验仪器设备。

① 底板钢板：采用平面尺寸不小于 1 000 mm × 1 000 mm 的钢板，以中心位置（也是坍落度筒中心）为圆心画出 200 mm、300 mm、500 mm、600 mm、700 mm、800 mm、900 mm 的同心圆。

② 秒表：精度不低于 0.1s。

③ 盛料容器：不小于 8 L。

④ J 环：直径为 300 mm、厚度为 25 mm 的钢环，下固连 16 根均布的直径为 16 mm 的钢柱，见图 4.4。

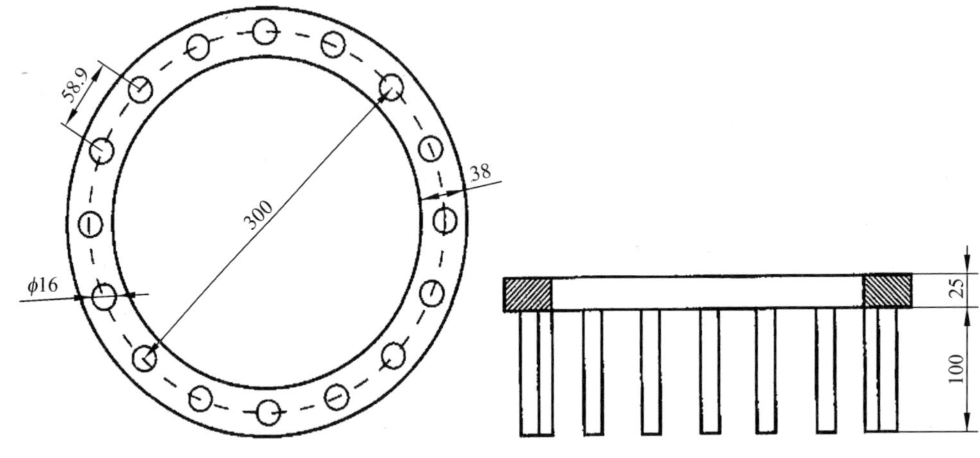

图 4.4 J 环示意图（单位：mm）

⑤ 坍落度筒：坍落度筒及无脚踏板坍落度筒各一个。

（3）试验步骤。

扩展时间（T500）试验方法：

① 坍落度筒中心对准钢板同心圆的圆心放置,将混凝土拌合物用盛料容器一次性转入坍落度筒内，用刮刀刮除坍落度筒顶部多余拌合物并抹平。

② 垂直提起坍落度筒（250 ± 50）mm，提起时间 3 ~ 7 s。从入料到提起坍落度筒时间不超过 150 s。从坍落度筒提离地面算起，用秒表记录混凝土拌合物扩展到直径为 500 mm 的时间。结果精确至 0.1 s。

③ 测试扩展度。方法同前述扩展度测试方法。

间隙通过性指标（J 环）试验：

① J 环放置在底板中心，把不带脚踏板的坍落度筒放置在 J 环中心，二者在同一圆心。

② 用盛料容器将混凝土拌合物一次性填充满坍落度筒,刮刀刮除坍落度筒顶部多余拌合物并抹平。

③ 垂直提起坍落度筒（250 ± 50）mm，提起时间 3 ~ 7s。从入料到提起坍落度筒时间不超过 150 s。当混凝土拌合物不再流动或流动时间超过 50 s 时，测试 J 环扩展度。J 环扩展度为混凝土拌合物两相互垂直直径的平均值；两相互垂直直径相差 50 mm 时，结果无效。骨料在 J 环圆钢处堵塞时，记录说明。

④ 计算 J 环扩展度与扩展度之差，差值为间隙通过性指标。

3. 维勃稠度试验

（1）试验目的和意义。

较干硬的混凝土拌合物（坍落度小于 10 mm）用维勃稠度仪测定其稠度，作为它的流动性指标。

（2）试验设备。

① 维勃稠度仪。

② 振动台：台面尺寸为 380 mm × 260 mm，振动频率为（50 ± 3）Hz，空容器时台面振幅为（0.5 ± 0.1） mm。

③ 容器：3 mm 钢板制成，内径为（240 ± 5）mm，高为（200 ± 2）mm，筒底厚为 7.5 mm。

④ 坍落筒：底部内径为（200 ± 2）mm，顶部内径为（100 ± 2）mm，高为（300 ± 2）mm。

⑤ 旋转架：与测杆及喂料斗相连。测杆下部装有直径为（230 ± 2） mm、厚度为（10 ± 2） mm 的透明且水平的圆盘。测杆用螺丝固定在套管中，旋转架固定在立柱上。

⑥ 捣棒：同坍落度试验用的捣棒。

（3）试验步骤。

① 将维勃稠度仪放置在坚实水平的地面上，用湿布将容器、坍落筒、喂料斗内壁及其他用具润湿。

② 将喂料斗置于坍落筒上方扣紧，校正容器位置，使其中心与喂料斗中心重合，然后拧紧固定螺丝。

③ 将混凝土拌合物经喂料斗分三层装入坍落筒。装料及插捣方法同坍落度试验。

④ 把喂料斗转离。抹平后垂直提起坍落筒，此时应注意不使混凝土试体产生横向的扭动。

⑤ 将透明圆盘转到混凝土体顶面，放松螺丝，放下圆盘，与混凝土表面接触，同时开启振动台和秒表。当透明圆盘的底面被水泥浆布满的瞬间，立即关闭秒表和振动台，记录时间（s）。

（4）试验结果。

秒表的读数（s），即为混凝土拌合物的工作度。

4.2.3 新拌混凝土表观密度试验

1. 试验目的和意义

测定混凝土拌合物单位体积的质量，可作为评定混凝土质量的一项指标，也可用来计算每立方米混凝土所需材料的用量。

2. 试验仪器及设备

（1）金属容量筒（筒壁外侧焊有把手）。骨料最大粒径不大于 40 mm 时，容量筒为 5L；超过 40 mm 时，容量筒内径与高均应大于骨料最大粒径的 4 倍。

（2）台秤（称量 50 kg，分度值不大于 10 g）、振动台、捣棒。

3. 试验步骤

（1）用湿布将量筒内外擦干净。称出量筒质量 m_1（kg），精确至 10 g。

（2）当拌合物坍落度不大于 90 mm 时，采用振动台振实；大于 90 mm 时用捣棒捣实。

（3）采用捣棒捣实方法：对于 5 L 容量筒，混凝土拌合物分两层装入容量筒，每层插捣次数为 25 次。用大于 5 L 的量筒时，每层混凝土的高度不应大于 100 mm，每层插捣次数应按每 100 cm^2 截面积不小于 12 次计算。各次插捣应均匀地分布在每层截面上。插捣底层时，捣棒应贯穿整个深度。插捣第二层时，捣棒应插透本层至下一层的表面。每一层捣完后，用橡皮锤轻轻沿容器外壁敲打 5 ~ 10 次，进行振实，直至拌合物表面插捣遗痕消失并不见大气泡为止。

采用振动法振实时，一次将混凝土拌合物装满于容量筒中，并使之稍高出筒口。将筒移置振动台上振动，直到混凝土表面出现水泥浆时为止。

（4）用刮尺齐筒口将捣实或振实后多余的混凝土刮去，将容量筒外部仔细擦净，称出质量 m_2（kg），精确至 10 g。

4. 试验结果

用式（4.12）计算混凝土拌合物的表观密度（精确至 10 kg/m³）：

$$\rho_0 = \frac{m_2 - m_1}{V_0} \tag{4.12}$$

式中　V_0—— 容量筒容积（m³）。

取两次测定值的算术平均值作为混凝土拌合物的表观密度。每次试验均须换用未测定过的拌合物。

4.3　混凝土力学性能试验（GB/T 50081—2019）

4.3.1　一般规定

1. 适用范围

适用于普通混凝土的力学性能试验。

2. 取样和试件制作

（1）混凝土力学性能试验以 3 个试件为一组，每一组试件所用的混凝土拌合物均应从同一次拌和的拌合物中取得。

（2）混凝土拌合物的取样地点应根据试验要求来选择，可在混凝土灌注地点或搅拌机出料处。

（3）所有试件必须在取样后立即制作。用以确定混凝土配制强度、等级及进行材料性能研究的试件，其成型方法应视混凝土拌合物的稠度而定。坍落度不大于 90 mm 的混凝土拌合物，用振动捣实，大于 90 mm 的宜用捣棒人工捣实。用来检验工程和构件质量的混凝土试件，其成型方法应尽可能与实际采用的方法相同。

（4）制作试件用的试模由铸铁或钢制成，并应具有足够的刚度且拆装方便。在制作试件前，应将试模擦拭干净，并在其内表面涂上一层脱膜剂。

（5）用振动台成型时，可将混凝土拌合物一次装入试模，装料应稍有富余。振动时应防止试模在振动台上自由跳动。开动振动台至混凝土表面呈现水泥浆为止，记录振动时间。振动结束后，将试模顶部多余的混凝土刮除，用抹刀抹平。

试验室用振动台的振动频率为（50 ± 3）Hz，其空载振幅为（0.5 ± 0.1）mm。

（6）采用人工插捣时，按下述方法进行：

① 将混凝土拌合物分两层装入试模，每次装料厚度应大致相等。

② 插捣时应按螺线方向从边缘向中心均匀地进行。

③ 插捣底层时，捣棒应达到试模底部；捣上层时，捣棒应插入该层底面以下 20 ~ 30 mm 处。插捣时应用力将捣棒压下，插捣过程中随时用镘刀沿试模内壁插切数次，以防止试件产生麻面。每层插捣次数应视试件截面而定，一般每 100 cm^2 面积应插捣 12 下。

④ 结束顶层插捣后，应将多余的混凝土刮去，待混凝土适当凝结后用镘刀抹平。

3. 试件养护

根据试验目的不同，试件可采用标准养护或与构件同条件养护。

（1）标准养护：确定混凝土配制强度、等级和进行一般材料性能研究时采用标准养护。其方法为：

① 试件成型后，用湿布覆盖表面，在室温为（20 ± 2）°C 的环境中至少静置 1 ~ 2 昼夜（但不得超过 2 昼夜），然后拆模并编号。

② 拆模后随即将试件放在温度为（20 ± 2）°C、相对湿度为 95% 以上的标准养护室中养护。在标准养护室内，试件应放在架上，彼此间距为 10 ~ 20 mm，并不得用水直接淋刷试件。试件标准养护时间为 28 d（从搅拌加水开始计时）。无标准养护室时，混凝土试件应在（20 ± 2）°C 的不流动的氢氧化钙饱和溶液中养护。

（2）与构件同条件养护：检验工程或构件质量的试件应随构件同条件养护。其方法为：试件成型后，用湿布覆盖表面保湿，随即放在构筑物或构件旁边，使它们保持相同的养护条件（包括温度和湿度）。试件拆模时间可与实际构件的拆模时间相同，拆模后，试件仍需保持同条件养护。

4. 材料试验机

（1）所采用试验机的精确度在 ± 1% 以内。其量程应能使试件的预期破坏荷载值不小于全量程的 20%，也不大于全量程的 80%。

（2）试验机上下压板应有足够的刚度，其中的一块（最好是上压板）应带有球形支座，以便于试件对中。

4.3.2 混凝土抗压强度试验

1. 试验目的和意义

测定混凝土立方体试件的抗压强度。

2. 试验设备

混凝土抗压强度试验设备有压力试验机、试模、振动台、小铁铲、金属直尺、镘刀等。设备应符合前述 4.3.1“一般规定”的要求。

3. 试　件

按混凝土骨料最大粒径由表 4.11 选择试件的尺寸。

表 4.11 立方体试件尺寸选择

骨料最大粒径/mm	试件尺寸/mm×mm×mm
31.5	100 × 100 × 100
40.0	150 × 150 × 150
63.0	200 × 200 × 200

试件的制作和养护均应按前述 4.3.1“一般规定”进行。

4. 试验步骤

（1）试件从养护室取出后，应及时进行抗压试验，以免试件内部的湿度发生变化。

（2）试件在试压前应先擦拭干净，测量尺寸并检查外观。试件不得有明显缺损。尺寸测量精确至 1 mm，并根据此计算试件的承压面积。

（3）将试件放置在试验机下压板中心，其承压面应与成型时的顶面垂直。开动试验机，当上压板与试件接近时，调整球座，使接触均衡。

（4）均匀地加荷，加荷速度为：立方抗压强度小于 30 MPa 的为 0.3 ~ 0.5 MPa/s，30 ~ 60 MPa 的为 0.5 ~ 0.8 MPa/s，不小于 60 MPa 的为 0.8 ~ 1.0 MPa/s。当试件接近破坏而开始迅速变形时，应停止调整试验机油门，直至试件破坏，然后记录破坏荷载 F。

5. 试验结果

（1）试件的抗压强度 f_{cu}（MPa）按式（4.13）计算（精确至 0.1 MPa）：

$$f_{cu} = F / A \tag{4.13}$$

式中 F—— 破坏荷载（N）；

A—— 受压面积（mm^2）。

（2）取 3 个试件测定值的算术平均值作为该组试件的抗压强度值。如果 3 个测定值中的最小或最大值中，有一个与中间值的差值超过中间值的 15%，则取中间值作为试验结果；如果两个差值均超过中间值的 15%，则该组试验无效。

（3）混凝土抗压强度以 150 mm × 150 mm × 150 mm 的立方体试件的抗压强度值作为标准。用其他尺寸试件测定的抗压强度值，按表 4.12 的规定加以换算。

表 4.12 抗压强度换算系数

试件尺寸/（mm×mm×mm）	换算系数
100×100×100	0.95
150×150×150	1.00
200×200×200	1.05

4.3.3 混凝土抗拉强度试验（劈裂法）

1. 试验目的和意义

测定混凝土立方体劈裂抗拉强度。

2. 试验设备

（1）压力试验机、试模。

（2）垫条：采用直径为 150 mm 的圆弧形钢垫条，其断面尺寸如图 4.5 所示。垫条长度不应短于试件边长。

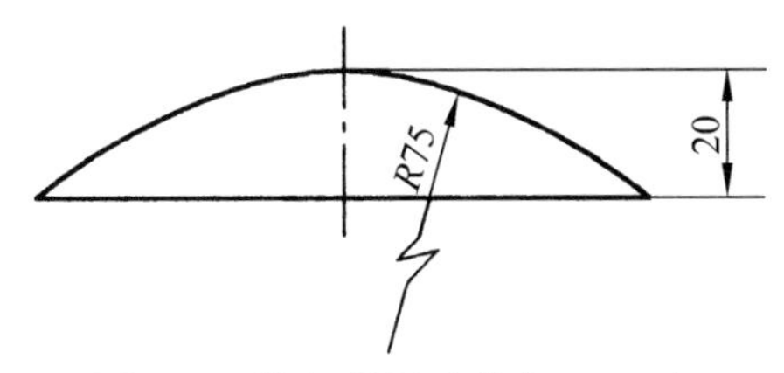

图 4.5 垫条断面（单位：mm）

（3）垫片：采用宽为 20 mm、厚为 3 ~ 4 mm、长不应短于试件边长的木质三合板或硬质纤维板作为垫片，垫片不得重复使用。

（4）定位支架（见 GB/T 50081—2019）。

3. 试 件

采用 150 mm × 150 mm × 150 mm 的立方体为标准试件，其骨料的最大粒径应不大于 37.5 mm。

4. 试验步骤

（1）试件从养护地点取出后，应及时进行试验。试验前试件应保持与原养护地点相似的干湿状态。

（2）试件在试验前应先擦拭干净，测量尺寸，检查外观，并在试件中部画线定出劈裂面的位置。劈裂面应与试件成型时的顶面垂直。

试件尺寸测量精确至 1 mm，并据此计算试件劈裂面积。

（3）将试件放在材料试验机下压板的中心位置，在上下压板与试件之间垫以圆弧形垫条及垫片各一个。宜把垫块、垫条及试件安装在定位支架上使用。开动试验机，当上压板与试件接近时，调整球座，使接触均衡。

（4）以 0.02 ~ 0.10 MPa/s 的速度（立方抗压强度小于 30 MPa 时 0.02 ~ 0.05 MPa/s，30 ~ 60 MPa 时以 0.05 ~ 0.08 MPa/s，不小于 60 MPa 时以 0.08 ~ 0.10 MPa/s）连续而均匀地加荷，直至试件破坏，记录破坏荷载 F。

5. 试验结果

（1）试件的劈裂抗拉强度 f_{ts} (MPa)按式（4.14）计算（精确至 0.01 MPa）：

$$f_{ts}=\frac{2F}{\pi A}=0.637\times\frac{F}{A} \tag{4.14}$$

式中　F—— 试件的破坏荷载（N）;

　　　A—— 试件劈裂面面积（mm^2）。

（2）混凝土劈裂抗拉强度按 3 个试件的算术平均值计算。如果 3 个测定值中的最小或最大值中，有一个与中间值的差值超过中间值的 15%，则取中间值作为该组试件的劈裂抗拉强度；如果两个差值均超过中间值的 15%，则该组试验作废。采用 100 mm × 100 mm × 100 mm 非标准试件测得的劈裂抗拉强度应乘以尺寸换算系数 0.85。高强混凝土应采用标准试件。

4.3.4　混凝土静力受压弹性模量试验

1. 试验目的和意义

测定混凝土的静力受压弹性模量（简称弹性模量）。弹性模量值取应力为轴心抗压强度 1/3 时的加荷割线模量。

2. 试验设备

（1）压力试验机、试模。

（2）千分表（测量精度为 ± 0.001 mm），并附有夹具（如金属环夹具），如图 4.6 所示。

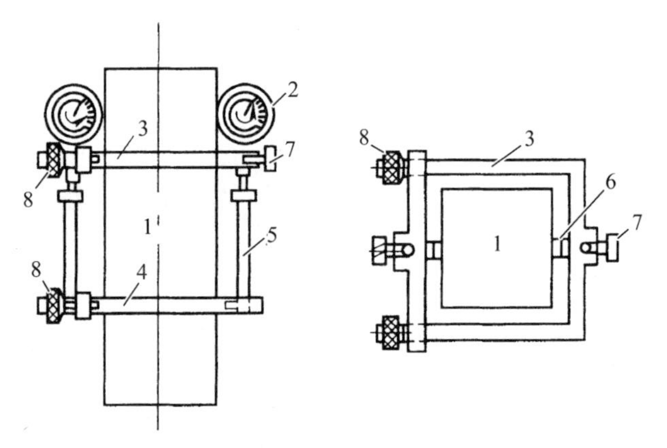

1—试件；2—量表；3—上金属环；4—下金属环；
5—接触杆；6—刀口；7、8—固定螺丝。

图 4.6　千分表测定混凝土静力弹性模量装置

量测试件变形也可采用精度不低于 0.001 mm 的其他仪表，如应变计、双杠杆引伸仪等。

3. 试　件

采取 150 mm × 150 mm × 300 mm 的棱柱体为标准试件，骨料最大粒径应不大于 40.0 mm。

或采用 100 mm × 100 mm × 300 mm、200 mm × 200 mm × 400 mm 的棱柱体试件，此为非标准试件。

每组试件 6 个，同时制作并在同条件下养护。其中：3 个试件用于测定试件的棱柱体轴心抗压强度，作为弹性模量试验时加荷应力的参数；另 3 个试件用以测定混凝土静力抗压弹性模量。骨料最大粒径与棱柱体或圆柱体试件尺寸的选择需满足表 4.13 的要求。

表 4.13　棱柱体试件尺寸选择

试件最小边长/mm	骨料最大粒径/mm
100	20.0
150	40.0
200	63.0

4. 试验步骤

（1）试件从养护地点取出后，应及时进行试验。试验前，试件应保持与原养护地点相似的干湿状态。

（2）取 3 个试件，按混凝土轴心抗压强度试验方法测定其轴心抗压强度 f_{cp}。

（3）取另 3 个试件，测定其受压弹性模量，步骤如下：

① 在测定混凝土弹性模量时，变形测量仪应安装在试件两侧的中线上，并对称于试件的两端。

② 应仔细调整试件在压力试验机上的位置，使其轴心与下压板的中心线对准。开动压力试验机，当上压板与试件接近时调整球座，使其接触均衡。

③ 加荷至基准应力为 0.5 MPa 的基准荷载值 F_0，保持恒载 60 s 并在以后的 30 s 内记录每测点的变形读数 ε_0。应立即连续均匀地加荷至应力为轴心抗压强度 f_{cp} 的 1/3 的试验荷载值 F_a，保持恒载 60 s 并在以后的 30 s 内记录每一测点的变形读数 ε_a。应连续均匀加荷，混凝土强度等级< C30 时，加荷速度取 0.3 ~ 0.5 MPa/s；C30≤混凝土强度等级<C60 时，取 0.5 ~ 0.8 MPa/s；混凝土强度等级≥C60 时，取 0.8 ~ 1.0 MPa/s。

④ 当以上这些变形值之差与它们平均值之比大于 20%时，应重新对中试件后重复第③条的试验。如果无法使其减少到低于 20%，则此次试验无效。

⑤ 在确认试件对中符合第④条规定后，以与加荷速度相同的速度卸荷至基准荷载（F_0），保持 60 s 的恒载（F_0 及 F_a），至少进行两次反复预压。在最后一次预压完成后，在基准荷载（F_0）下持荷 60 s，并在以后的 30 s 内记录每一测点的变形读数 ε_0；再用同样的加荷速度加荷至试验荷载（F_a）下持荷 60 s，并在以后的 30 s 内记录每一测点的变形读数 ε_a（图 4.7）。

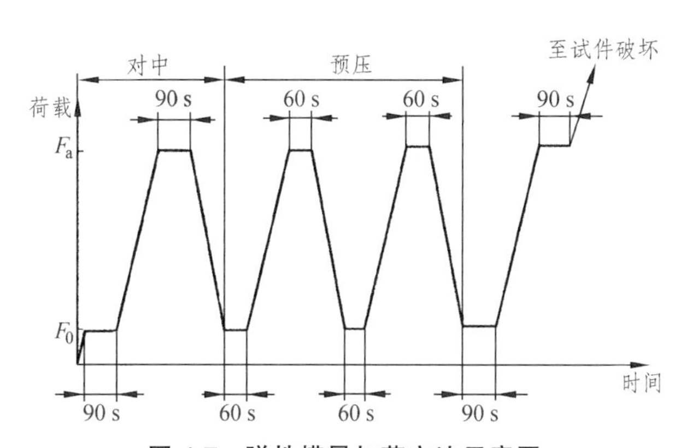

图 4.7　弹性模量加荷方法示意图

⑥ 卸除变形测量仪，以同样的速度加荷至破坏，记录破坏荷载。如果试件的抗压强度与 f_{cp} 之差超过 f_{cp} 的 20%，则应注明。

5. 试验结果

（1）按式（4.15）计算试件静力受压弹性模量 E_h（精确至 100 MPa）：

$$E_h = \frac{F_a - F_0}{A} \cdot \frac{L}{\Delta n} \tag{4.15}$$

式中 F_a—— 应力为 1/3 轴心抗压强度时的试验荷载（N）；

F_0—— 应力为 0.5 MPa 时的基准荷载（N）；

A—— 试件承压面积（mm^2）；

Δn—— 最后一次从 F_0 加荷到 F_a 时，试件两侧变形平均值（mm），$\Delta n = \varepsilon_a - \varepsilon_0$；

ε_a—— F_a 时试件两侧变形的平均值（mm）；

ε_0—— F_0 时试件两侧变形的平均值（mm）；

L—— 测量标距（150 mm）。

混凝土受压弹性模量计算精确至 100 MPa。

（2）混凝土静力受压弹性模量按 3 个试件的算术平均值计算。如果其中一个试件的轴心抗压强度与用以确定检验控制荷载的轴心抗压强度值之差超过后者的 20%，则按另两个试件的算术平均值计算；如有两个试件超过规定，则试验结果无效。

4.3.5 混凝土抗折强度试验

1. 试验目的和意义

测定混凝土的抗折强度（也称为抗弯拉强度），以提供道路混凝土设计参数，用以控制道路混凝土的施工质量。本试验方法按《普通混凝土力学性能试验方法标准》（GB/T 50081—2019）的规定进行。

2. 试验设备

（1）试验机：50 ~ 300 kN 抗折试验机或万能试验机。

（2）试验装置：抗折试验装置如图 4.8 所示，为三分点处双点加荷和三点自由支承式装置。

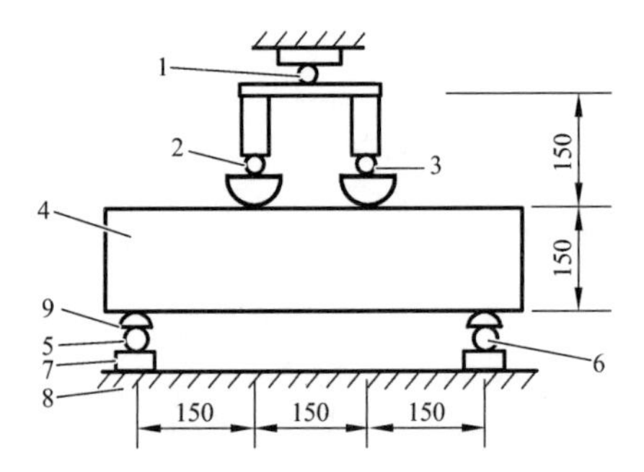

1、2、6—一个钢球；3、5—两个钢球；4—试件；
7—活动支座；8—机台；9—活动船形垫块。

图 4.8 标准试件抗折试验装置（单位：mm）

3. 试　件

混凝土抗折强度试件为直角棱柱体小梁，标准试件尺寸为 150 mm × 150 mm ×600 mm 或 150 mm × 150 mm × 550 mm，骨料粒径应不大于 40.0 mm。100 mm × 100 mm × 400 mm 的试件，为非标准试件，骨料粒径应不大于 31.5 mm。

4. 试验步骤

（1）试件从养护地取出后应及时进行试验，将试件表面擦干净。

（2）按图 4.8 装置试件，安装尺寸偏差不得大于 1 mm。试件的承压面应为试件成型时的侧面。支座及承压面与圆柱的接触面应平稳、均匀，否则应垫平。

（3）施加荷载应保持均匀、连续。当混凝土立方体抗压强度<30 MPa 时，加荷速度取 0.02 ~ 0.05 MPa/s；当 30 MPa≤混凝土立方体抗压强度<60 MPa 时，取 0.05 ~ 0.08 MPa/s；当混凝土立方体抗压强度≥60 MPa 时，取 0.08 ~ 0.10 MPa/s。当试件接近破坏时，应停止调整试验机油门，直至试件破坏，记下破坏荷载。

（4）记录试件破坏荷载的试验机显示值及试件下边缘断裂位置。

5. 试验结果

（1）当断面发生在两个加荷点之间时，抗折强度 f_{f}(MPa)按式（4.16）计算：

$$f_{\mathrm{f}}=\frac{PL}{bh^2} \tag{4.16}$$

式中　P—— 破坏荷载（N）；

L—— 支座间距离（mm），取 450 mm；

h—— 试件截面高度（mm）；

b—— 试件截面宽度（mm）。

（2）抗折强度值的确定应符合下列规定：

① 以 3 个试件测定值的算术平均值作为该组试件的强度值（精确至 0.1 MPa）。

② 3 个测定值中的最大或最小值中，如有一个与中间值的差值超过中间值的 15%，则把最大与最小值一并舍去，取中间值作为该组试件的抗压强度值。

③ 如果最大和最小值分别与中间值的差值都超过中间值的 15%，则该组试件的试验结果无效。

（3）3 个试件中，若有一个折断面位于两个集中荷载之外，则混凝土抗折强度值按另外两个试件的试验结果计算。若这两个测值的差值不大于这两个测值的较小值的 15%，则该组试件的抗折强度值按这两个测值的平均值计算；否则该组试件的试验无效。若有两个试件的下边缘断裂位置位于两个集中荷载作用线之外，则该组试件试验结果无效。

（4）采用 100 mm × 100 mm × 400 mm 非标准试件时，取得的抗折强度值应乘以尺寸换算系数 0.85。当混凝土强度等级≥C60 时，宜采用标准试件；使用非标准试件时，尺寸换算系数应由试验确定。

第 5 章　建筑砂浆实验

5.1　稠度试验（JGJ/T 70—2009）

本方法适用于确定配合比或施工过程中控制砂浆的稠度，以达到控制用水量的目的。

5.1.1　试验仪器和设备

（1）砂浆稠度仪由试锥、容器和支座三部分组成（图 5.1）。试锥由钢材或铜材制成，试锥高度为 145 mm，锥底直径为 75 mm，试锥连同滑杆的质量为 300 g。盛砂浆容器由钢板制成，筒高为 180 mm，锥底内径为 150 mm。支座分底座、支架及稠度显示盘三个部分，由铸铁、钢及其他金属制成。

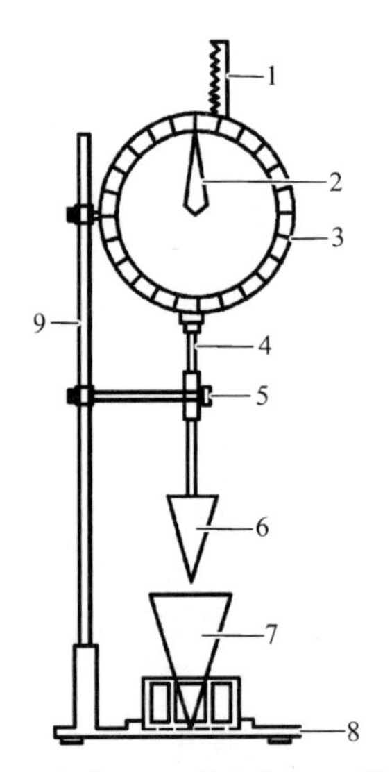

1—齿条测杆；2—指针；3—刻度盘；4—滑杆；5—固定螺丝；
6—圆锥体；7—圆锥筒；8—底座；9—支架。

图 5.1　砂浆稠度测定仪

（2）钢制捣棒直径为 10 mm，长为 350 mm，端部磨圆。
（3）秒表等。

5.1.2　试验步骤

（1）盛浆容器和试锥表面用湿布擦净，并用少量润滑油轻擦滑杆，再将滑杆上多余的油用吸油纸擦净，使滑杆能自由滑动。

（2）将砂浆拌合物一次装入容器，使砂浆表面低于容器口约 10 mm，用捣棒自容器中心向边缘插捣 25 次，然后轻轻地将容器摇动或敲击 5 ~ 6 下，使砂浆表面平整，随后将容器置于稠度测定仪的底座上。

（3）拧开试锥滑杆的制动螺丝，向下移动滑杆，当试锥尖端与砂浆表面刚接触时，拧紧制动螺丝，使齿条测杆下端刚接触滑杆上端，并将指针对准零点。

（4）拧开制动螺丝并计时，待 10 s 立即固定螺丝，使齿条测杆下端接触滑杆上端，从刻度盘上读出下沉深度（精确至 1 mm）即为砂浆的稠度值。

（5）圆锥形容器内的砂浆只允许测定一次稠度。重复测定时，应重新取样。

5.1.3 试验结果处理

（1）取两次试验结果的算术平均值，计算精确至 1 mm。

（2）两次试验值之差如大于 20 mm，则应另取砂浆搅拌后重新测定。

5.2 分层度试验（JGJ/T 70—2009）

本方法适用于测定砂浆拌合物在运输及停放时内部组分的稳定性。

5.2.1 试验仪器和设备

（1）砂浆分层度筒（图 5.2）：内径为 150 mm，上节高度为 200 mm，下节带底净高为 100 mm，用金属板制成，上、下连接处需加宽到 3 ~ 5 mm，并设有橡胶垫圈。

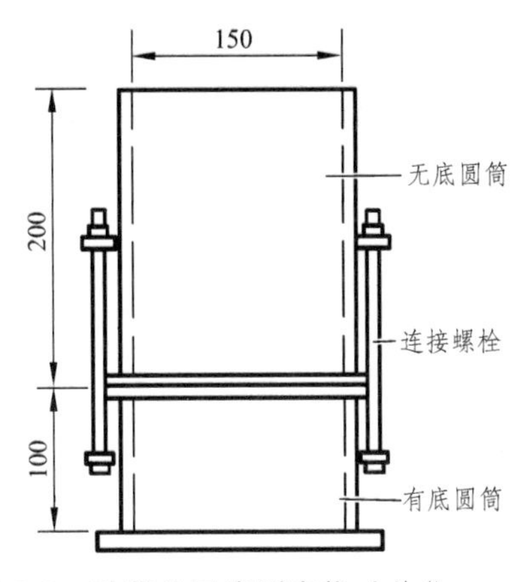

图 5.2 砂浆分层度测定仪（单位：mm）

（2）水泥胶砂振动台：振幅（0.85 ± 0.05）mm，频率（50 ± 3）Hz。

（3）稠度仪、木槌等。

5.2.2 试验步骤

（1）首先将砂浆拌合物按稠度试验方法测定稠度。

（2）将砂浆拌合物一次装入分层度筒内，待装满后，用木槌在容器周围距离大致相等的4个不同地方轻轻敲击1～2下，如砂浆流入到低于筒口，则应随时添加砂浆，然后刮去多余的砂浆并用抹刀抹平。

（3）静置30 min后，去掉上节200 mm砂浆，将剩余100 mm砂浆倒出放在搅拌锅内拌2 min，再按稠度试验方法测定稠度。前后测得的稠度之差即为该砂浆的分层度值（mm）。

5.2.3 试验结果处理

（1）取两次试验结果的算术平均值作为该砂浆的分层度值。

（2）两次分层度试验值之差如大于20 mm，应重做试验。

第6章　建筑钢材实验

6.1　钢材显微（金相）组织观察

6.1.1　试验目的和意义

研究土木工程中钢轨材料的微观结构，了解影响钢轨工程性能的微观结构特征本质。

6.1.2　试验仪器及设备

反射光显微镜等。

6.1.3　试样制备

（1）从圆柱形拉伸试样上切下一个小试样。

（2）标本用树脂包埋。

（3）样品被抛光到镜面的程度。

（4）表面被蚀刻（用2%的硝酸酒精溶液）。

6.1.4　试验步骤

（1）用反射光显微镜检查每个样品，并绘制草图，将其放大500倍后描述其微观结构。估算铁素体和珠光体的晶粒尺寸和数量。

（2）请阅读背景资料表：铁碳相图背景资料表。

（3）检查自己对钢样品中珠光体数量所做的微观估计。

6.1.5　试验结果

（1）按示例表6.1的样式填写结构钢微观结构表、中碳钢微观结构表和高碳钢微观结构表。

表 6.1 纯铁微观结构

样本	描述	微观结构
纯铁（0.02%C） 拉伸强度=180 ~ 285 MPa 断裂伸长率=30% ~ 80%	这个示例几乎全为铁氧体（以铁晶体为中心的立体结构）。这种显微结构由微小的单个晶体组成，这些单个晶体被称为晶粒，它们被称为晶界的暗线隔开	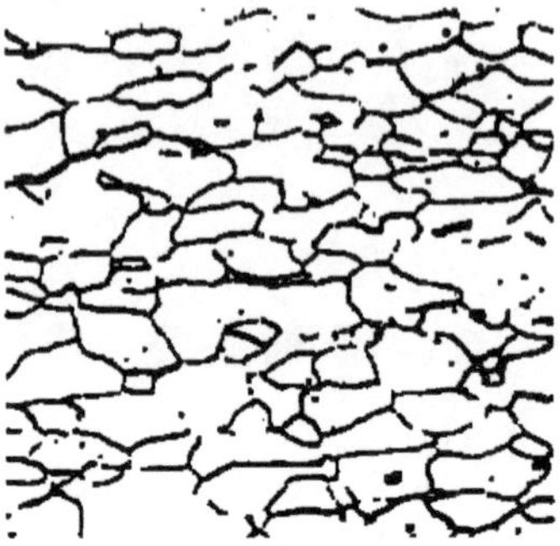
估计晶粒尺寸： mm	估计铁素体含量： %	估计珠光体含量： %

注：任何晶体（颗粒）的边界都是可见的，因为它们在显微镜下表现为浅台阶。这些近乎垂直的表面并不能像它们之间光滑的水平晶体表面那样将光线反射进显微镜。因此，晶体的边界在显微镜下是可见的。

（2）在钢材力学性能表中填写结果，并将珠光体与碳绘制到图中（钢的微观组织可以参考铁碳相图来理解）。

6.2 硬度试验——洛氏法（GB/T 230.1—2018）

6.2.1 试验目的和意义

测定钢材硬度，可以估计钢材的力学性能，判定钢材材质的均匀性或热处理后的效果。

6.2.2 试验仪器及设备

布氏硬度计、金刚石圆锥压头或球形压头等。

6.2.3 试验步骤

（1）根据试件的大致硬度按表 6.2 选择洛氏硬度标尺、荷载和压头，装好压头，调好荷载。试验应在 10 ~ 35 °C 下进行。

（2）将试样放置在刚性支承物上，并使压头轴线和加载方向与试样表面垂直，同时应避免试样产生位移，应对圆柱形试样作适当支承，例如放置在洛氏硬度值不低于 60HRC 的带有定心 V 形槽或双圆柱的试样台上。由于任何垂直方向的不同心都可能造成错误的试验结果，所以应特别注意使压头、试样、定心 V 形槽与硬度计支座中心对中。

（3）使压头与试样表面接触，无冲击、振动、摆动和过载地施加初试验力 F_0，初试验力的加载时间不超过 2s，保持时间应为 3^{+1}_{-2} s。

（4）初始压痕深度测量。手动（刻度盘 F_1）硬度计需要给指示刻度盘设置设定点或设置零位。自动（数显）硬度计的初始压痕深度测量是自动进行，不需要使用者进行输入，同时初始压痕深度的测量也可能不显示。

（5）无冲击、振动、摇摆和过度地施加主试验力 F_1，使试验力从初试验力 F_0 增加至总试验力 F。洛氏硬度主试验力的加载时间为 1 ~ 8s。所有 HRN 和 HRTW 表面洛氏硬度的主试验力加载时间不超过 4 s。建议采用与间接校准时相同的加载时间。

（6）总试验力 F 的保持时间为 5^{+1}_{-3} s，卸除主试验力 F_1，初试验力 F_0 保持 4^{+1}_{-3} s 后，最终读数。对于在总试验力施加期间有压痕蠕变的试验材料，由于压头可能会持续压入，所以应特别注意。若材料要求的总试验力保持时间超过标准所允许的 6s 时，实际的总试验力保持时间应在试验结果中注明（例如 65HRF/10s）。

（7）保持初试验力测量最终压痕深度。对于大多数洛氏硬度计，压痕深度测量采用自动计算从而显示洛氏硬度值的方式进行。

6.2.4 试验结果

洛氏硬度根据最终压痕深度和初始压痕深度的差值 h 及常数 N 和 S（图 6.1、表 6.2 和表 6.3）通过式（6.1）计算给出：

$$洛氏硬度 = N - \frac{h}{s} \qquad (6.1)$$

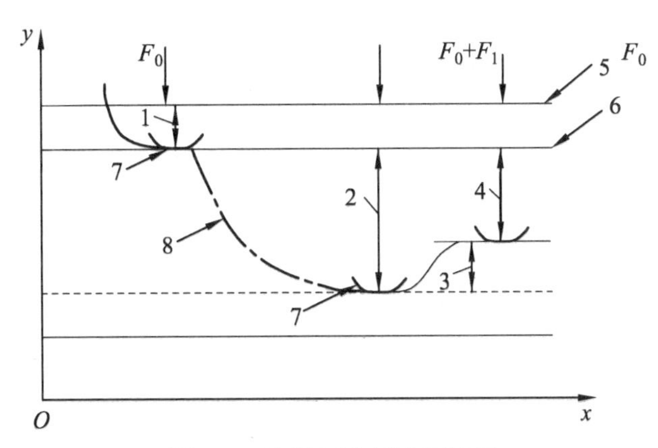

图 6.1 洛氏硬度试验原理图

说明：

X——时间（s）；

Y——压头位置（mm）；

1——在初试验力 F_0 下的压入深度（mm）；

2——由主试验力 F_1 引起的压入深度（mm）；

3——卸除主试验力 F_1 后的弹性回复深度（mm）；

4——残余压痕深度 h；

5——试样表面；

6——测量基准面；

7——压头位置；

8——压头深度相对时间的曲线。

表6.2　洛氏硬度标尺、压头和荷载选择

洛氏硬度标尺	硬度符号单位	压头类型	初试验力 F_0	总试验力 F	标尺常数 S	全量程常数 N	适用范围
A	HRA	金刚石圆锥	98.07 N	588.4 N	0.002 mm	100	20 HRA～95 HRA
B	HRBW	直径1.5875 mm球	98.07 N	980.7 N	0.002 mm	130	10 HRBW～100 HRBW
C	HRC	金刚石圆锥	98.07 N	1.471 kN	0.002 mm	100	20 HRC*～70 HRC
D	HRD	金刚石圆锥	98.07 N	980.7 N	0.002 mm	100	40 HRD～77 HRD
E	HREW	直径3.175 mm球	98.07 N	980.7 N	0.002 mm	130	70 HREW～100 HREW
F	HRFW	直径1.5875 mm球	98.07 N	588.4 N	0.002 mm	130	60 HRFW～100 HRFW
G	HRGW	直径1.5875 mm球	98.07 N	1.471 kN	0.002 mm	130	30 HRGW～94 HRGW
H	HRHW	直径3.175 mm球	98.07 N	588.4 N	0.002 mm	130	80 HRHW～100 HRHW
K	HRKW	直径3.175 mm球	98.07 N	1.471 kN	0.002 mm	130	40 HRKW～100 HRKW
15N	HR15N	金刚石圆锥	29.42 N	147.1 N	0.001 mm	100	70 HR15N～94 HR15N
30N	HR30N	金刚石圆锥	29.42 N	294.2 N	0.001 mm	100	42 HR30N～86 HR30N
45N	HR45N	金刚石圆锥	29.42 N	441.3 N	0.001 mm	100	20 HR45N～77 HR45N
15T	HR15TW	直径1.5875 mm球	29.42 N	147.1 N	0.001 mm	100	67 HR15TW～93 HR15TW
30T	HR30TW	直径1.5875 mm球	29.42 N	294.2 N	0.001 mm	100	29 HR30TW～82 HR30TW
45T	HR45TW	直径1.5875 mm球	29.42 N	441.3 N	0.001 mm	100	10 HR45TW～72 HR45TW

注：*当金刚石圆锥表面和顶端球面是经过抛光的，且抛光至沿金刚石圆锥轴向距离尖端至少0.4 mm时，试验适用范围可延伸至10 HRC。

表6.3 符号及缩写术语

符号/缩写术语	说明	单位
F_0	初试验力	N
F_1	主试验力（总试验力减去初试验力）	N
F	总试验力	N
S	给定标尺的标尺常数	mm
N	给定标尺的全量程常数	—
h	卸除主试验力，在初试验力下压痕残留的深度（残余压痕深度）	mm
HRA HRC HRD	洛氏硬度$=100-\frac{h}{0.002}$	
HRBW HREW HRFW HRGW HRHW HRKW	洛氏硬度$=130-\frac{h}{0.002}$	
HRN HRTW	洛氏硬度$=100-\frac{h}{0.002}$	

6.3 钢筋拉伸试验（GBT 228.1—2010）

6.3.1 试验目的和意义

掌握钢筋拉伸试验的试验方法。测定钢筋屈服强度、抗拉强度、伸长率的技术指标，作为评定钢筋强度等级的主要技术依据。

6.3.2 试验仪器及设备

拉力试验机、游标卡尺、天平等。

6.3.3 试样制备

（1）试样表面应平坦光滑，并且不应有氧化皮及外来污物，尤其不应有油脂。

（2）试样的制备应使受热或冷加工等因素对试样表面硬度的影响减至最小，尤其对于压痕深度浅的试样应特别注意。

（3）确定试件的质量和总长度 L。

6.3.4 试验步骤

（1）将试件上端固定在试验机夹具内，调整试验机零点，装好描绘器、纸、笔等，再用下夹具固定试件下端。

（2）开动试验机进行试验，屈服前应力施加速度为每秒 10 MPa；屈服后试验机活动夹头在荷载下移动速度每分钟不大于 0.5 l_0，直至试件拉断。

（3）在拉伸过程中，描绘器自动绘出荷载变形曲线，由荷载变形曲线和刻度盘指针读出屈服荷载 F_s（N）（指针停止转动或第一次回转时的最小荷载）与最大极限荷载 F_b（N）。

（4）量出拉伸后的标距长度 l_1。将已拉断的试件在断裂处对齐，尽量使轴线位于一条直线上。如断裂处到邻近标距端点的距离大于 $l_0/3$ 时，可用卡尺直接量出 l_1。如断裂处到邻近标距端点的距离小于或等于 $l_0/3$ 时，可按下述移位法确定 l_1：在长段上自断点起，取等于短段格数得 B 点，再取等于长段所余格数[偶数如图 6.2（a）]之半得 C 点，或者取所余格数[奇数如图 6.2（b）]减 1 与加 1 之半得 C 与 C_1 点。移位后的 l_1 分别为 $AB+2BC$ 或 $AB+BC+BC_1$。

6.3.5 试验结果

（1）屈服强度 σ_s 按式（6.2）计算（精确至 5 MPa）：

$$\sigma_s = F_s / A \tag{6.2}$$

（2）抗拉强度 σ_b 按式（6.3）计算（精确至 5 MPa）：

$$\sigma_b = F_b / A \tag{6.3}$$

（3）伸长率 δ 按式（6.4）计算（精确至 1%）：

$$\delta_{10}(\delta_5) = \frac{l_1 - l_0}{l_0} \times 100\% \tag{6.4}$$

式中：δ_{10} 表示 $l_0 = 10d$ 时的伸长率。如拉断处位于标距之外，则伸长率无效，应重做试验。

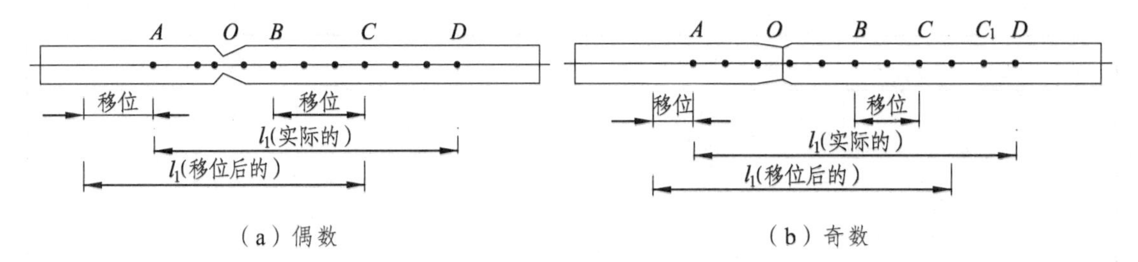

（a）偶数　　（b）奇数

图 6.2　用移位法计算标距

6.4 钢筋弯曲试验（GB/T 232—2010）

6.4.1 试验目的和意义

掌握钢筋弯曲试验的试验方法，并检验钢筋冷弯性能是否合格。

6.4.2 试验仪器及设备

具有可以调节距离的两支承辊的压力机或万能试验机。

6.4.3 试样制备

（1）圆形或多边形截面的钢材，其直径（或内切圆直径）不大于 50 mm 时，试件的横截面应等于原材料的横截面。如果试验设备不足，可以加工成横截面内切圆直径不小于 25 mm 的试样。

（2）板材、带材和型材，产品厚度不大于 25 mm 时，试件厚度应为原产品的厚度；产品厚度大于 25 mm 时，试件厚度可以机械加工减薄至不小于 25 mm，并保留一侧原表面，且弯曲试验时试样保留的原表面应位于受拉变形的一侧。

（3）试样的长度 L 应根据试样的厚度和所用的试验设备确定。采用支辊式弯曲装置或翻板式弯曲装置试验时，可以按照式（6.5）或式（6.6）确定：

$$L = 5.5d + 150\ \text{mm} \tag{6.5}$$

或

$$L = 5.65\sqrt{A} + 150\ \text{mm} \tag{6.6}$$

式中：L——试样的长度（mm）；

d——弯曲直径（mm）；

A——截面面积（mm^2）。

6.4.4 试验步骤

（1）试验一般在 10 ~ 35 °C 的室温下进行；对温度要求严格的试验，温度应在（23 ± 5）°C 范围内进行。

（2）选取弯心直径 a。

（3）将试件置于心轴与支座之间，按规定调好两支座间的距离 l。

支辊式弯曲装置：

$$l = (d + 3a) \pm 0.5a \tag{6.7}$$

翻板式弯曲装置：

$$l = (d + 2a) + e\text{，}e\ \text{取}\ 2 \sim 6\ \text{mm} \tag{6.8}$$

（4）将试件按要求放好后，开动试验机加载，加载时应均匀平稳。在荷载作用下，钢筋贴着冷弯压头，弯曲到要求的角度后，取下试件。

6.4.5 试验结果

检查试件弯曲的外缘和侧面，如无裂纹、断裂或起层，则评定为冷弯试验合格。

6.5 冲击试验（GB/T 229—2020）

6.5.1 试验目的和意义

本试验是测定在动荷载作用下，试件冲断时的弯曲冲击韧性值，借以检查钢材在常温下的冲击韧性、负温下的冷脆性、时效敏感性以及焊接后的硬脆倾向等。试验按不同条件可分为常温冲击试验法、低温冲击试验法和高温冲击试验法三种。由于试验条件有限，本次做常温冲击试验。

6.5.2 试验仪器及设备

摆式冲击试验机，最大能量一般应不大于300J。

6.5.3 试样制备

规定以夏比V形缺口试件作为标准试件，试件的形状、尺寸和光洁度均应符合国家标准的要求。

6.5.4 试验试验步骤

（1）首先校正试验机，将摆锤置于垂直位置，调整指针对准在最大刻度上，举起摆锤到规定高度，用推钩钩于机组上。然后拨动机钮，使摆锤自由下落，待摆锤摆到对面相当高度回落时，用皮带闸住，读出初读数，以检查试验机的能量损失。其回零差值应不大于度盘最小分度值的1/4。

（2）量出试件缺口处的截面尺寸。

（3）将试件置于机座上，使试件缺口背向摆锤，缺口位置正对摆锤的打击中心位置，此时摆锤刃口应与试件缺口轴线对齐。

（4）将摆锤上举挂于机钮上，然后拨动机钮使摆锤下落冲击试件。

（5）遇有下列情形之一者应重做试验：试件侧面加工划痕与冲断处相重合。冲断试件上发现有淬火裂缝。

（6）试验应在（20±5）℃的温度下进行，试件数量一般应不少于3个。

6.5.5 试验结果

根据摆锤冲断试件后的扬起高度，读出表盘示值冲击功A_{kk}（保留2位有效数字）。

第7章　石油沥青基本性能实验

7.1　取样方法

从容器中取样时，取样部位应按液面上、中、下位置各取规定数量。进行沥青性质常规检验的取样数量为：黏稠或固体沥青不少于 1.5 kg，液体沥青不少于 1 L，沥青乳液不少于 4 L。

7.2　针入度测定（GB/T 4509—2010）

7.2.1　试验目的和意义

针入度是反映沥青黏滞性的指标，是沥青牌号划分的主要依据之一。

7.2.2　试验仪器和设备

（1）针入度仪。凡能保证针和针连杆在无明显摩擦下垂直运动，并能指示针贯入深度准确至 0.1 mm 的仪器均可使用，图 7.1 为仪器种类之一。为提高测试精度，不同温度的针入度试验宜采用自动针入度仪进行。

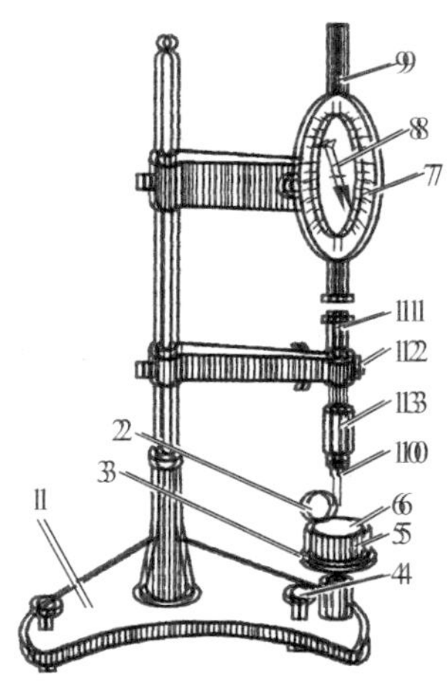

1—底座；2—小镜；3—圆形平台；4—调平螺丝；5—保温皿；6—试样；7—刻度盘；
8—指针；9—活杆；10—标准针；11—连杆；12—按钮；13—砝码。

图 7.1　针入度仪

（2）盛样皿：金属制，平底筒状，内径为（55±1）mm、深（35±1）mm。

（3）温度计（0~50°C，分度 0.1°C）、恒温水浴（容量不少于 10 L，能保持温度在所需要温度的 ±0.1°C 范围内）、平底玻璃皿（容量不少于 1 L，深度不小于 80 mm，内设一个不锈钢三腿支架，能使盛样皿稳定）、金属皿或瓷皿、筛（孔径为 0.3~0.5 mm）、秒表、砂浴等。

7.2.3 试验准备

将沥青在 120~180°C 下脱水，用筛过滤，注入盛样皿内，在 15~30°C 的空气中冷却 1 h，然后将盛样皿浸入（25±0.5）°C 的水浴中，恒温 1 h。水浴中的水面应高于试样表面 25 mm。

7.2.4 试验步骤

（1）调节针入度仪的水平（通过调平螺丝 4 调节）。

（2）盛样皿恒温 1 h 后取出，放入水温为 25°C 的平底玻璃皿 5 中，试样 6 表面以上的水层高度不应小于 10 mm。将玻璃皿放于圆形平台 3 上，调整标准针，使针尖与试样表面恰好接触，拉下活杆 9，使之与连杆顶端接触，并将刻度盘 7 的指针 8 指在“0”上（或记下指针初始值）。本试验测定温度条件为 25°C，标准针、连杆及砝码合质量为 100 g。

（3）用手紧压按钮 12，使标准针自由穿入沥青中 5 s，停止按压，使指针停止下沉。

（4）再拉下活杆，与标准针连杆顶端接触，读出读数（或与初始值之差），即为针入度值。

（5）同一试样至少测定 3 次，各测定点及测定点与盛样皿边缘之间的距离不少于 10 mm。每次测定前应将平底玻璃皿放入恒温水浴。每次测定后应将标准针取下，用溶剂擦净擦干。

7.2.5 试验结果评定

（1）平行测定的 3 个值中最大值与最小值之差不应超过表 7.1 中的数值，否则重做。

（2）每个试样取 3 个结果的平均值作为试样的针入度（0.1 mm）。

表 7.1 针入度测定允许最大差值　　单位：0.1 mm

针入度	0~49	50~149	150~249	250~500
最大差值	2	4	12	20

7.3 延度测定（GB/T 4508—2010）

7.3.1 试验目的和意义

延度是反映沥青塑性的指标，是确定沥青牌号的依据之一。通过延度的测定，还可以了解沥青的抗变形能力。

7.3.2 试验仪器和设备

（1）延度仪：拉伸速度为（5 ± 0.25）cm/min。

（2）试模：试模如图 7.2 所示。

（3）温度计（0 ~ 50°C，分度 0.1°C）、恒温水浴、金属皿或瓷皿、筛（0.3 ~ 0.5 mm 孔径）、甘油、滑石粉、隔离剂、砂浴。

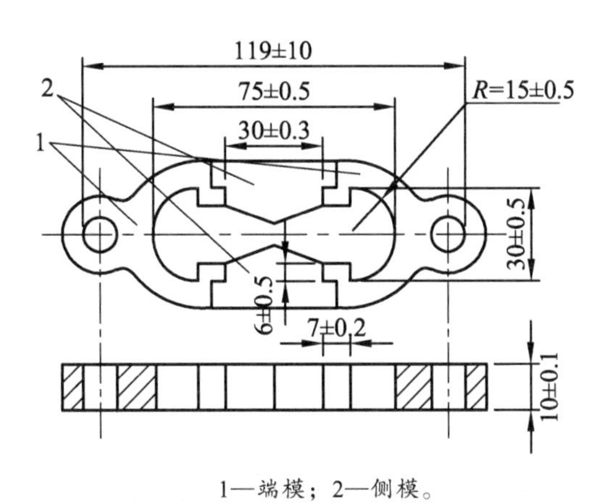

1—端模；2—侧模。

图 7.2 试模（单位：mm）

7.3.3 试验准备

（1）组装模具于金属板上，在底板和侧模的内侧面涂隔离剂。

（2）将沥青熔化脱水至气泡完全消除，然后将沥青试样自模的一端至另一端往返倒入，使试样略高于模具。

（3）浇注好的试件在 15 ~ 30°C 的空气中冷却 30 min 后，用热刀将高出模具部分的沥青刮去，使沥青面与模面齐平，并将其浸入延度仪水槽中，水温为（25 ± 0.5）°C。沥青表面以上水层高度不小于 25 mm。

7.3.4 试验步骤

（1）调整延度仪，使指针正对标尺的零位。

（2）试件恒温 1 ~ 1.5 h 后，将模具两端的孔分别套在滑板及槽端的金属柱上，然后去掉侧模。

（3）开动延度仪（水温 25°C），并观察拉伸情况，如发现沥青细丝浮于水面或沉入槽底，则应在水中加入乙醇或食盐水调整水的密度至与试样密度相近后，再测定。

（4）试样拉断时，指针所指读数即为试样的延度，以厘米（cm）计。

7.3.5 试验结果评定

取平行测定的 3 个结果的算术平均值作为测定结果。如其中两个较高值偏离在平均值

5%之内，而最低值偏离平均值5%之外，则弃去最低值，取两个较高值的平均值作为测定结果。

7.4 软化点测定（GB/T 4507—2014）

7.4.1 试验目的和意义

软化点是反映沥青耐热度及温度稳定性的指标，也是确定沥青牌号的依据之一。

7.4.2 试验仪器和设备

（1）软化点测定仪如图7.3（a）所示。钢球直径为9.53 mm，质量为（3.50±0.05）g。试样环为铜制锥环或肩环，尺寸如图7.3（b）所示。支架由上、中及下承板和定位套组成。

（2）电炉或加热器、金属板（表面粗糙度 Ra 为0.8 μm）或玻璃板、刀、筛（0.3～0.5 mm）、甘油、滑石粉、隔离剂、新煮沸的蒸馏水。

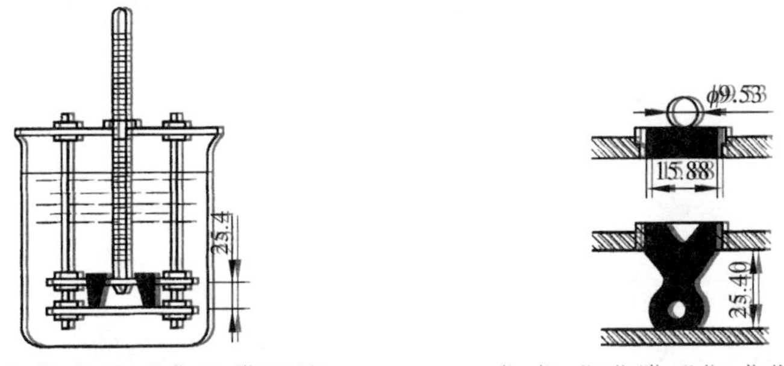

（a）软化点测定仪装置图　　（b）试验前后钢球位置图

图7.3 软化点测定仪（单位：mm）

7.4.3 试验准备

（1）将铜环置于涂有隔离剂的金属板或玻璃板上，将预先脱水的试样加热熔化，加热温度不高于试样估计软化点（110℃），过筛后注入铜环内并略高于环面。

（2）如估计软化点在120℃以上，则应将铜环加热至80～100℃，再将铜环放在涂有隔离剂的支撑板上，以防止沥青试样从铜环中完全脱落。

（3）将试样在15～30℃的空气中冷却30 min后，用热刀刮去高出环面的试样，使之与环面齐平。

7.4.4 试验步骤

（1）将试样环水平地安在环架中层板的圆孔上，然后放入烧杯中，恒温15 min。烧杯中事先放入温度为（5±0.5）℃的水（估计软化点低于80℃）或（32±1）℃的甘油（估计软化点高于80℃），然后将钢珠放在试样上表面，调整水面或甘油液面至所需深度。将温度计由上层板中心孔垂直插入，使水银球与铜环下面齐平。

（2）将烧杯移放至有石棉网的三脚架或电炉上，立即加热，升温速度为（5±0.5）℃/min。

(3) 试样受热软化下坠至与下承板面接触时的温度即为试样的软化点。

7.4.5 试验结果评定

(1) 平行测定的两个结果间的差值不应大于表 7.2 的规定。

表 7.2 软化点测定允许差值

软化点/℃	允许差值/℃
≤80	1
>80	2

(2) 取平行测定两个结果的算术平均值作为测定结果。

第2篇

实 验 手 册

实验一　水泥基本性能

水泥品种：　　　　　　　　　　日　　期：

出厂等级：　　　　　　　　　　室　　温：　　　　　℃

出品厂名：　　　　　　　　　　相对湿度：　　　　　%

一、水泥细度检验

1. 主要仪器：

2. 试验目的：

3. 主要步骤：

4. 试验结果：

试样编号	试样重 m/g	筛余质量 m_A/g	筛余率 A/%	校正系数
1				
2				校正筛余率/%
平均筛余率		按国家标准评定		

二、水泥标准稠度用水量测定

1. 主要仪器：

2. 试验目的：

3. 主要步骤：

4. 试验结果：

（1）标准法：

试验次数	样品质量/g	用水量/mL	试杆下沉距离底板距离/mm	标准稠度用水量 P/%	备　注
1					
2					
3					

（2）代用法：

试验次数	样品质量/g	用水量/mL	试锥下沉深度/mm	标准稠度用水量 P/%	备　注
1					
2					
3					

三、水泥凝结时间测定

1. 主要仪器：

2. 试验目的：

3. 主要步骤：

4. 试验结果：

加水拌和时刻	初凝时刻	初凝经过时间	终凝时刻	终凝经过时间	备　注

四、水泥安定性测定

1. 主要仪器：

2. 试验目的：

3. 主要步骤：

4. 结论：

五、水泥胶砂强度测定

1. 主要仪器：

2. 试验目的：

3. 主要步骤：

4. 试验材料及用量：

5. 试验结果：

试验日期：　　　　　室内温度：　　　℃　室内相对湿度：　　　　%

试件成型日期：　　　养护龄期：　　　　d（其中：空气中　　d，水中　　d）

平均养护温度：　　　℃

<table>
<tr><th rowspan="2">试件编号</th><th colspan="2">试件截面尺寸/mm</th><th rowspan="2">支点间距 I/mm</th><th rowspan="2">承压面积 mm²</th><th rowspan="2">破坏荷重 P/N</th><th rowspan="2">按公式计算的强度/MPa</th><th rowspan="2">按抗折仪测得的强度值/MPa</th><th rowspan="2">强度平均值/MPa</th></tr>
<tr><th>宽 b</th><th>高 h</th></tr>
<tr><td>1</td><td>40</td><td>40</td><td rowspan="3">100</td><td rowspan="3"></td><td rowspan="3"></td><td rowspan="3"></td><td></td><td rowspan="3"></td></tr>
<tr><td>2</td><td>40</td><td>40</td><td></td></tr>
<tr><td>3</td><td>40</td><td>40</td><td></td></tr>
<tr><td colspan="9">抗　压 $\left(f_{\text{压}}=\frac{P}{40\times40}\right)$</td></tr>
<tr><td>1-1</td><td>40</td><td>40</td><td rowspan="6"></td><td></td><td></td><td></td><td rowspan="6"></td><td rowspan="6"></td></tr>
<tr><td>1-2</td><td>40</td><td>40</td><td></td><td></td><td></td></tr>
<tr><td>2-1</td><td>40</td><td>40</td><td></td><td></td><td></td></tr>
<tr><td>2-2</td><td>40</td><td>40</td><td></td><td></td><td></td></tr>
<tr><td>3-1</td><td>40</td><td>40</td><td></td><td></td><td></td></tr>
<tr><td>3-2</td><td>40</td><td>40</td><td></td><td></td><td></td></tr>
</table>

六、水泥胶砂流动度测定

1. 主要仪器：

2. 试验目的：

3. 主要步骤：

4. 试验材料及用量：

5. 试验结果：

试验日期：　　　　　室内温度：　　　°C　　室内相对湿度：　　　　%

试验次数	水泥/g	粉煤灰/g	用水量/mL	标准砂/g	流动度-方向1/mm	流动度-方向2/mm	平均流动度/mm
1							
2							
3							

七、结论及问题分析、讨论

评　　分：

教师签字：

实验二　混凝土用砂石

砂种类和产地：　　　　　　　　　　　　　　　　　　　日期：

石种类和产地：

一、砂、石筛分

1. 主要仪器：

2. 试验目的：

3. 主要步骤：

4. 试验结果：

甲　　砂筛分

砂样干质量：m=　　　　g	遗失质量：Δm=　　　　g		
筛孔尺寸 /mm	分计筛余重 m_i/g	分计筛余率 a_i/%	累计筛余率 A_i/%
4.75			
2.36			
1.18			
0.60			
0.30			
0.15			
筛底			

砂的细度模数：

$$M_x = \frac{(A_2 + A_3 + A_4 + A_5 + A_6) - 5A_1}{100 - A_1}$$

绘出砂的筛分曲线于下图中：

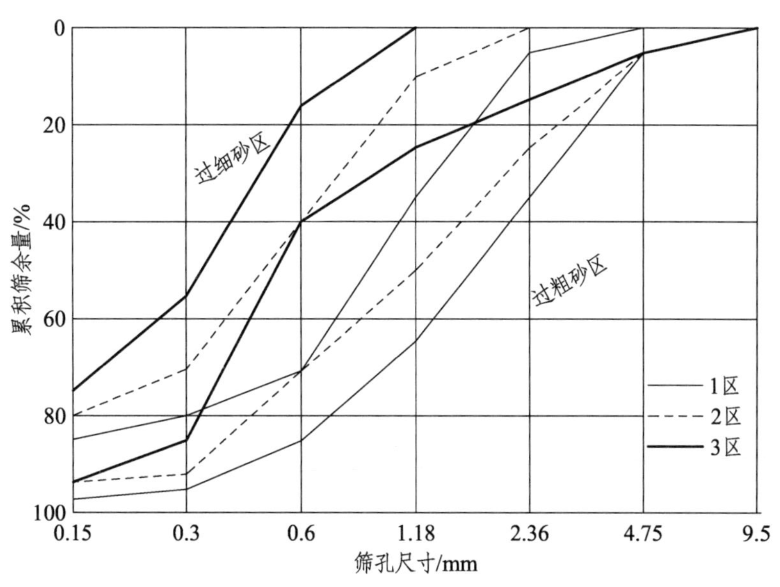

结论：该砂属于　　　　　　　砂，　　　　　　　　　　　　区砂。

乙　　石子筛分

石子样干质量：G=　　　　　　　　g　遗失质量：ΔG=　　　　　　g				
筛孔尺寸 /mm	分计筛余重 m_i/s	分计筛余率 C_i/%	累计筛余率 A_i/%	
			实测值	规范规定值
31.50				
26.50				
19.00				
16.00				
9.50				
4.75				
筛底				

结论：该石子级配　　　　　　　　　，最大粒径为　　　　　mm。

二、砂、石视密度

1. 主要仪器：

2. 试验目的：

3. 主要步骤：

4. 试验结果：

试样名称	试样编号	试样干质量 m_0/g	（瓶+水）质量 m_2/g	（瓶+试样+水）质量 m_1/g	表观密度/（g/cm^3）		备　注
					实测值 ρ_0	平均值 $\overline{\rho}_0$	
砂	1						
	2						
石	1						
	2						

注：$\rho' = \left(\dfrac{m_0}{m_0 + m_2 - m_1} - \alpha_t \right) \cdot \rho_{H_2O}$

三、砂、石堆积密度

1. 主要步骤：

2. 试验结果：

<table>
<tr><th rowspan="2">试样名称</th><th rowspan="2">试样编号</th><th rowspan="2">容量桶容积 V/L</th><th rowspan="2">容量桶质量 m_1/kg</th><th rowspan="2">（容量桶+试样）质量 m_2/kg</th><th colspan="2">堆积密度/（kg/m^3）</th><th rowspan="2">空隙率 P/%</th></tr>
<tr><th>实测值 ρ_0'</th><th>平均值 $\bar{\rho}_0$</th></tr>
<tr><td rowspan="4">砂
石</td><td>1</td><td></td><td></td><td></td><td></td><td rowspan="2"></td><td></td></tr>
<tr><td>2</td><td></td><td></td><td></td><td></td><td></td></tr>
<tr><td>1</td><td></td><td></td><td></td><td></td><td rowspan="2"></td><td></td></tr>
<tr><td>2</td><td></td><td></td><td></td><td></td><td></td></tr>
</table>

四、对砂、石质量的分析与讨论

评　　分：

教师签字：

实验三　水泥混凝土基本性质

一、混凝土配合比设计计算

命　题：

设计资料：

1. 混凝土强度等级：

2. 混凝土所用原材料：

水泥：

种类及强度等级：　　密度：

堆积密度：

砂：

种类：

表观密度：　　级配：　　区

堆积密度：　　细度模数：

石：

种类：　　表观密度：

最大粒径：　　堆积密度：

空隙率：　　级配：

3. 混凝土的坍落度选用：

4. 根据耐久性要求允许的最大水灰比及最小水泥用量：

混凝土配合比初步计算：

单方（每立方米）混凝土各种材料用量：

初步配合比：

试拌______L 混凝土各种材料用量。

二、混凝土拌合物的和易性测定

日期：

1. 主要仪器：

2. 试验目的：

3. 基本原理：

4. 主要步骤：

5. 试验结果：　　　　室　温：　　　　°C

坍落度：　　　　相对湿度：　　　　%

<table>
<tr><td colspan="2">调整顺序</td><td colspan="2">初拌用量</td><td colspan="2">第一次增量</td><td colspan="2">第二次增量</td><td>总用量</td></tr>
<tr><td rowspan="5">混凝土各材料用量</td><td>水泥/kg</td><td colspan="2"></td><td colspan="2"></td><td colspan="2"></td><td></td></tr>
<tr><td>水/kg</td><td colspan="2"></td><td colspan="2"></td><td colspan="2"></td><td></td></tr>
<tr><td>砂/kg</td><td colspan="2"></td><td colspan="2"></td><td colspan="2"></td><td></td></tr>
<tr><td>石/kg</td><td colspan="2"></td><td colspan="2"></td><td colspan="2"></td><td></td></tr>
<tr><td colspan="8">外加剂（名称及数量）</td></tr>
<tr><td rowspan="2">坍落度</td><td>每次量/mm</td><td></td><td></td><td></td><td></td><td></td><td></td><td>要求坍落度</td></tr>
<tr><td>平均量/mm</td><td colspan="2"></td><td colspan="2"></td><td colspan="2"></td><td></td></tr>
<tr><td colspan="2">棍　度</td><td colspan="2"></td><td colspan="2"></td><td colspan="2"></td><td>按上、中、下评定</td></tr>
<tr><td colspan="2">黏聚性</td><td colspan="2"></td><td colspan="2"></td><td colspan="2"></td><td>按优、良、差评定</td></tr>
<tr><td colspan="2">泌水量</td><td colspan="2"></td><td colspan="2"></td><td colspan="2"></td><td>按多、少、无评定</td></tr>
<tr><td colspan="2">含砂率</td><td colspan="2"></td><td colspan="2"></td><td colspan="2"></td><td>按中、多、少评定</td></tr>
</table>

三、混凝土拌合物实测表观密度

试样编号	容量桶质量 /kg	（容量桶+混凝土）质量/kg	容量桶容积/L	混凝土实测表观密度 /（kg/m^3）
1				
2				
3				

四、自密实混凝土性能指标

<table>
<tr><th>试样编号</th><th colspan="2">坍落扩展度
/mm</th><th>扩展时间（T500）
/s</th><th colspan="2">J环扩展度
/mm</th><th>间隙通过性
混凝土扩展度与J环扩展度差值/mm</th></tr>
<tr><td rowspan="3">1</td><td>直径1</td><td>直径2</td><td rowspan="3"></td><td>直径1</td><td>直径2</td><td rowspan="3"></td></tr>
<tr><td></td><td></td><td></td><td></td></tr>
<tr><td colspan="2">平均值：</td><td colspan="2">平均值：</td></tr>
</table>

注：直径1、直径2分别为拌合物展开扩展面的最大直径及与最大直径垂直方向的直径，两直径之差小于50 mm时，取平均值作为扩展度，否则应重新取样另行测定。

五、计算混凝土的基准配合比（1 m^3各种材料用量）

六、问题分析与讨论（重点讨论：用水量、砂率及测试过程对和易性的影响）

评　　分：

教师签字：

实验四　混凝土的力学性能

日期：

室温：　　　　　°C　　　　　　　　　相对湿度：　　　　　%

一、立方体抗压强度

1. 试验目的：

2. 主要步骤：

3. 试验结果：

<table>
<tr><td colspan="4">混凝土配制强度：
基准配合化：
外加剂器种、掺量：</td><td colspan="4">试件成型方法：
试件养护条件：
试件成型日期：
试件压型日期：</td></tr>
<tr><td>试件编号</td><td>龄期/d</td><td>承压面积 A/mm^2</td><td>破坏荷载 P/N</td><td>抗压强度 f_{cc}/MPa</td><td>强度平均值 $\overline{f}_{cc}$ /MPa</td><td>折算后标准立方体抗压强度 f_{cc}^{b} /MPa</td><td>是否达到配制强度</td></tr>
<tr><td>1</td><td></td><td></td><td></td><td></td><td rowspan="3"></td><td rowspan="3"></td><td rowspan="3"></td></tr>
<tr><td>2</td><td></td><td></td><td></td><td></td></tr>
<tr><td>3</td><td></td><td></td><td></td><td></td></tr>
</table>

二、抗拉强度（劈裂法）

1. 试验目的、原理：

2. 主要步骤：

3. 试验结果

试件编号	龄期/d	受拉面积/mm^2	破坏荷载 P/N	劈裂抗拉强度/MPa		换算成标准试件、龄期劈拉强度/MPa	拉/压比 $\overline{f}_{ts}/f_{cc}^{b}$
				f_{ts}	$\overline{f}_{ts}$		

注：① 劈裂抗拉强度 $f_{ts}=2P/(\pi A)=0.637P/A$。

② 拉压比计算应为换算成标准试件、28d龄期时对应的强度比。

三、静力抗压弹性模量（割线模量）

1. 主要仪器：

2. 试验目的：

3. 基本原理：

4. 主要步骤：

5. 试验结果：　　　　　　　　　　　室温：　　　　　℃

甲　棱柱强度　　　　　　　　　　　　　　　　　　相对湿度：　　　　%

<table>
<tr><td colspan="9">混凝土配合比：　　　　　　　　　　　　试件成型方法：
混凝配制强度：　　　　　　　　　　　　试件养护条件：</td></tr>
<tr><td rowspan="2">试件编号</td><td rowspan="2">试件成型日期</td><td rowspan="2">试件成破日期</td><td rowspan="2">龄期/d</td><td>试件尺寸/（mm^2×mm×mm）</td><td rowspan="2">承压面积 A/mm^2</td><td rowspan="2">破坏荷载 P/N</td><td rowspan="2">棱柱强度 f_{cp} /MPa</td></tr>
<tr><td>$A \times b \times h$</td></tr>
<tr><td>1</td><td></td><td></td><td></td><td></td><td></td><td></td><td></td></tr>
<tr><td>2</td><td></td><td></td><td></td><td></td><td></td><td></td><td></td></tr>
<tr><td>3</td><td></td><td></td><td></td><td></td><td></td><td></td><td></td></tr>
<tr><td></td><td></td><td></td><td></td><td colspan="2">棱柱强度平均值 $\overline{f}_{cp}$</td><td colspan="2">MPa</td></tr>
</table>

乙　弹性模量

试件尺寸：　　　　　　　mm，测点标距 L=150 mm，平均棱柱体强度 $\overline{f}_{cp}$ =　　　　　MPa

<table>
<tr><td colspan="2" rowspan="2">应力/MPa</td><td colspan="5">变形</td><td rowspan="2">计　　算</td></tr>
<tr><td>表 A 读数</td><td>表 A 读数差</td><td>表 B 读数</td><td>表 B 读数差</td><td>平均变形值 δ_n</td></tr>
<tr><td rowspan="3">第　次</td><td>0.5</td><td></td><td></td><td></td><td></td><td></td><td rowspan="12">弹性模量（MPa）：
$E_c = \frac{P_c - P_0}{A} \cdot \frac{150}{\delta_n}$
实测棱柱体强度（MPa）：
$f'_{cp} = \frac{f'_a}{a \times b}$
与平均 $\overline{f}_{cp}$ 的误差：
$e = \frac{f'_{cp} - \overline{f}_{cp}}{\overline{f}_{cp}} \times 100\%$</td></tr>
<tr><td>1/3 $\overline{f}_{cp}$</td><td></td><td></td><td></td><td></td><td></td></tr>
<tr><td>0.5</td><td></td><td></td><td></td><td></td><td></td></tr>
<tr><td rowspan="3">第　次</td><td>0.5</td><td></td><td></td><td></td><td></td><td></td></tr>
<tr><td>1/3 $\overline{f}_{cp}$</td><td></td><td></td><td></td><td></td><td></td></tr>
<tr><td>0.5</td><td></td><td></td><td></td><td></td><td></td></tr>
<tr><td rowspan="3">第　次</td><td>0.5</td><td></td><td></td><td></td><td></td><td></td></tr>
<tr><td>1/3 $\overline{f}_{cp}$</td><td></td><td></td><td></td><td></td><td></td></tr>
<tr><td>0.5</td><td></td><td></td><td></td><td></td><td></td></tr>
<tr><td rowspan="3">第　次</td><td>0.5</td><td></td><td></td><td></td><td></td><td></td></tr>
<tr><td>1/3 $\overline{f}_{cp}$</td><td></td><td></td><td></td><td></td><td></td></tr>
<tr><td>0.5</td><td></td><td></td><td></td><td></td><td></td></tr>
</table>

注：P_c—应力为 f_{cp}/3 时的荷载（N）；P_0—应力为 0.5 MPa 时的荷载（N）。

四、问题分析与讨论

评　　分：
教师签字：

实验五　建筑砂浆

一、砌筑砂浆的配合比计算

命题：

计算每立方米砂中各种材料用量及初步配合比：

二、砂浆稠度及分层度

日期：

室温：　　　　°C　　　　相对湿度：　　　　%

1. 主要仪器：

2. 试验目的：

3. 主要步骤：

4. 试验结果：

试拌调整顺序	1 L 砂中材料用量				圆锥沉入度/cm		分层度/cm
	水泥/kg	砂/kg	水/kg	混合材/mL	初值	静置后	
初拌用量							
第一次增量							
第二次增量							
第三次增量							
要求圆锥沉入度： 配合比例：							

三、砂浆抗压强度

1. 试验目的与步骤：

2. 试验结果：

试件编号	成型日期	龄期/d	承压面积/mm^2	破坏荷载 P/N	抗压强度 f_c/MPa	强度平均值 $\overline{f}_c$/MPa	实测砂浆强度等级	备注
1								
2								
3								

四、问题分析与讨论

评　　分：

教师签字：

实验六 建筑钢材

日 期：

一、钢材显微（金相）组织观察

1. 主要仪器：

2. 试验目的：

3. 基本原理：

4. 主要步骤：

5. 试验结果

结构钢微观结构：

样本	描述	微观结构
结构钢（0.1%C） 拉伸强度=450 MPa 破坏延伸率=40% 缩面率=70% 硬度=122		
估计晶粒尺寸： mm	估计铁素体含量： %	估计珠光体含量： %

中碳钢微观结构：

样本	描述	微观结构
中碳钢（0.4%C） 拉伸强度=630 MPa 破坏延伸率=25% 缩面率=55% 硬度=180		
估计晶粒尺寸： mm	估计铁素体含量： %	估计珠光体含量： %

高碳钢微观结构：

样本	描述	微观结构
高碳钢（0.8%C） 拉伸强度=900 MPa 破坏延伸率=15% 缩面率=28% 硬度=280		
估计晶粒尺寸： mm	估计铁素体含量： %	估计珠光体含量： %

钢材力学性能：

序号	项目	0.1% C	0.4% C	0.8% C
1	抗压强度/MPa			
2	伸长率/%			
3	缩面率/%			
4	硬度			
5	珠光体（显微镜）			
6	珠光体（相图）			

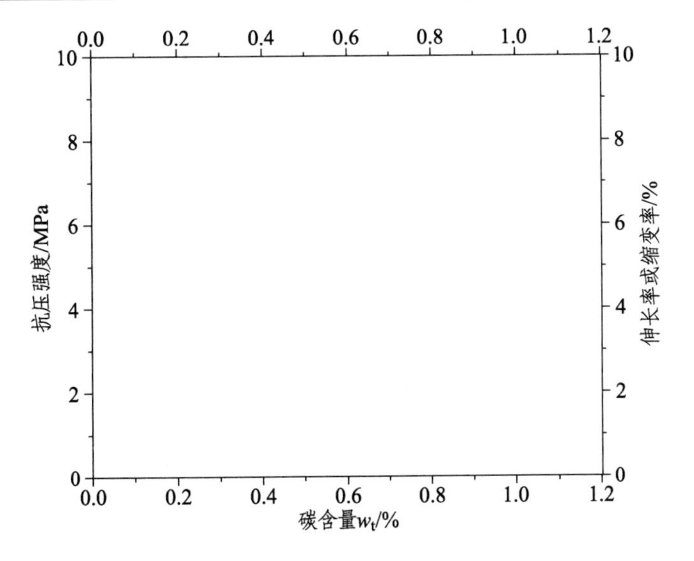

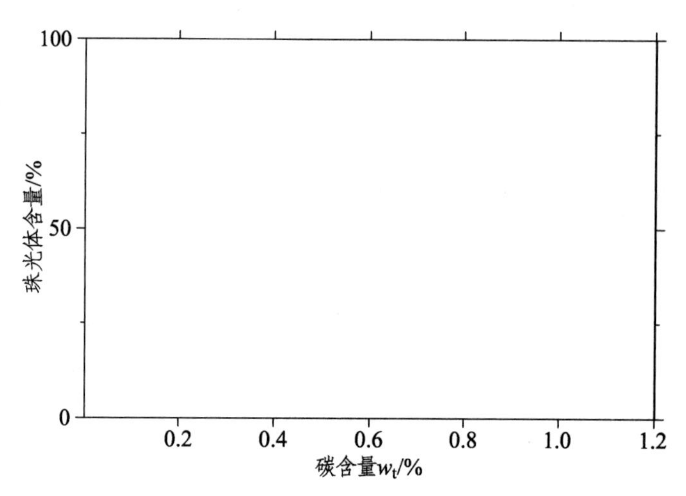

因此，根据铁素体和珠光体成分在组织中的比例，含有铁素体和珠光体的钢的性能大致是平均的。

总结铁素体和珠光体的特点：

铁素体是：____

（注：其强度取决于其粒径）

珠光体是：____

（注：其性质取决于组成它的层的间距，间距越细，能量越强）

二、硬度试验（洛氏法）

1. 主要仪器：

2. 主要步骤：

3. 试验结果：

试件种类		试件厚 t/mm	压头类型	荷重 P/kN	洛氏硬度值			估计的强度抗拉值/MPa
					实测值		平均值	
低碳钢	1				HRB			
	2				HRB			
	3				HRB			
中碳钢	1				HRB			
	2				HRB			
	3				HRB			
高碳钢	1				HRB			
	2				HRB			
	3				HRB			
淬火中碳钢	1				HRB			
	2				HRB			
	3				HRB			

三、冲击试验

1. 主要仪器

2. 试验目的及主要步骤：

3. 试验结果：　　　　　　　　　　　　　　　　　　　　　室温：　　　　℃

试件种类	硬度 HB	缺口处面积 A /cm^2	冲击消耗功 A_k/J	冲击值 a_k /（J/cm^2）	试件断角 θ/（°）	备　注
低碳钢						
中碳钢						
淬火中碳钢						
高碳钢						

四、冷弯试验

1. 主要仪器：

2. 试验结果：

试件钢号	试件直径 a/mm	压头直径 d/mm	冷弯角度 α/（°）	试验结果	规范要求	质量评定

五、问题分析与讨论（重点讨论：含碳量、热处理与性能的关系）

评　　分：

教师签字：

实验七　石油沥青

日期：

室温：　　　　　　°C　　　　　　　相对湿度：　　　　　　　%

一、针入度

1. 主要仪器：

2. 试验目的：

3. 主要步骤：

二、延　度

1. 主要仪器：

2. 试验目的：

3. 主要步骤：

三、软化点

1. 主要仪器：

2. 试验目的：

3. 主要步骤

四、试验结果

样品编号	样品类别	针入度（1°=0.1 mm）			延度/cm			软化点/°C	
		1	2	3	1	2	3	1	2
1									
2									
3									
测定平均值									

根据试验结果确定沥青的标号为：

五、问题分析与讨论

评　　分：

教师签字：

参考文献

[1] 李固华，李福海，崔圣爱.建筑材料[M]. 4 版. 成都：西南交通大学出版社，2022.

[2] 苏根达. 土木工程材料[M]. 4 版. 北京：高等教育出版社，2021.

[3] 李美娟，封金财，朱平华. 土木工程材料实验[M]. 北京：中国石化出版社，2012.

[4] 中国建筑材料联合会. 水泥的命名原则和术语：GB/T 4131—2014[S]. 北京：中国标准出版社，2014.

[5] 中交第二公路勘察设计研究院. 公路工程岩石试验规程：JTG E41—2005[S]. 北京：人民交通出版社，2005.

[6] 中国建材工业协会. 水泥细度检验方法　筛析法：GB/T 1345—2005[S]. 北京：中国标准出版社，2005.

[7] 中国建材工业协会. 通用硅酸盐水泥：GB 175—2007[S]. 北京：中国标准出版社，2007

[8] 中国建筑材料联合会. 水泥标准稠度用水量、凝结时间、安定性检验方法：GB/T 1346—2011[S]. 北京：中国标准出版社，2011.

[9] 中国建筑材料联合会. 水泥胶砂强度检验方法（ISO 法）：GB/T 17671—2021[S]. 北京：中国标准出版社，2021.

[10] 中国建筑材料工业协会. 水泥胶砂流动度测定方法：GB/T 2419—2005[S]. 北京：中国标准出版社，2005.

[11] 中国建筑材料联合会. 建设用砂：GB/T 14684—2022[S]. 北京：中国标准出版社，2022.

[12] 中国建筑材料联合会. 建设用卵石、碎石：GB/T 14685—2022[S]. 北京：中国标准出版社，2022.

[13] 中国建筑科学研究院. 普通混凝土拌合物性能试验方法标准：GB/T 50080—2016[S]. 北京：中国建筑工业出版社，2017.

[14] 中国建筑科学研究院.混凝土物理力学性能试验方法标准：GB/T 50081—2019[S]. 北京：中国建筑工业出版社，2019.

[15] 陕西省建筑科学研究院，山河建设集团有限公司. 建筑砂浆基本性能试验方法标准：JGJ/T 70—2009[S]. 北京：中国建筑工业出版社，2009.

[16] 中国钢铁工业协会. 金属材料　洛氏硬度试验　第 1 部分：试验方法：GB/T 230.1—2018[S]. 北京：中国标准出版社，2018.

[17] 中国钢铁工业协会. 金属材料　拉伸试验　第 1 部分：室温试验方法：GB/T 228.1—2010[S]. 北京：中国标准出版社，2011.

[18] 中国钢铁工业协会. 金属材料　弯曲试验方法：GB/T 232—2010[S]. 北京：中国标准出版社，2010.
[19] 中国钢铁工业协会. 金属材料　夏比摆锤冲击试验方法：GB/T 229—2020[S]. 北京：中国标准出版社，2020.
[20] 中国钢铁工业协会. 金属显微组织检验方法：GB/T 13298—2015[S]. 北京：中国标准出版社，2015.
[21] 冶金工业部. 钢的显微组织评定方法：GB/T 13299—91[S]. 北京：中国标准出版社，1992.
[22] 全国石油产品和润滑剂标准化技术委员会. 沥青针入度测定法：GB/T 4509—2010[S]. 北京：中国标准出版社，2010.
[23] 全国石油产品和润滑剂标准化技术委员会. 沥青延度测定法：GB/T 4508—2010[S]. 北京：中国标准出版社，2010.
[24] 中国石油化工集团公司. 沥青软化点测定法（环球法）：GB/T 4507—2014[S]. 北京：中国标准出版社，2014.